Ludovic Saint-Bauzel

Interaction Robot-Patient : Modélisation du patient

Ludovic Saint-Bauzel

Interaction Robot-Patient :
Modélisation du patient

De la modélisation prédictive du comportement
pathologique a l'application

Presses Académiques Francophones

Impressum / Mentions légales
Bibliografische Information der Deutschen Nationalbibliothek: Die Deutsche Nationalbibliothek verzeichnet diese Publikation in der Deutschen Nationalbibliografie; detaillierte bibliografische Daten sind im Internet über http://dnb.d-nb.de abrufbar.

Information bibliographique publiée par la Deutsche Nationalbibliothek: La Deutsche Nationalbibliothek inscrit cette publication à la Deutsche Nationalbibliografie; des données bibliographiques détaillées sont disponibles sur internet à l'adresse http://dnb.d-nb.de.

Coverbild / Photo de couverture: www.ingimage.com

Verlag / Editeur:
Presses Académiques Francophones
ist ein Imprint der / est une marque déposée de
AV Akademikerverlag GmbH & Co. KG
Heinrich-Böcking-Str. 6-8, 66121 Saarbrücken, Deutschland / Allemagne
Email: info@presses-academiques.com

Herstellung: siehe letzte Seite /
Impression: voir la dernière page
ISBN: 978-3-8416-2054-5

De la modélisation prédictive du comportement pathologique à l'application dans l'interaction Robot-Patient

Ludovic Saint-Bauzel

Table des matières

iv

vi

Table des figures

Liste des tableaux

Remerciements

La réalisation de cette thèse est le fruit d'un certain nombre de rencontres, de discussions et de relations très fructueuses. C'est pourquoi il y a un grand nombre de personnes à qui je souhaite signifier ma gratitude.

Je commencerais par Mme Pasqui qui a su encadrer cette thèse en me laissant la liberté dont j'avais besoin, M. Guinot qui m'a fait l'honneur de diriger cette thèse et M. Bidaud qui m'a accueilli dans le Laboratoire de Robotique de Paris. Durant cette thèse, j'ai beaucoup apprécié les relations que j'ai pu avoir avec les différents permanents et thésards du laboratoire. Je ferais une dédicace particulière à Pascal Médéric dont la presque constante bonne humeur était une bénédiction.

Durant cette thèse, j'ai eu l'occasion de travailler avec une équipe médicale formidable de l'Unité de Rééducation Fonctionnelle de Bellan que je remercie grandement. Tout particulièrement, je tiens à signifier ma gratitude à Mme Monteil, chef de ce service, pour sa disponibilité et son fort soutien dans ce travail. Ensuite je souhaite remercier Mme Fontaine et Mme Thérion qui étaient présentes dans le quotidien des expérimentations pour permettre un bon déroulement avec les patients et les équipes.

Avant de faire ce doctorat, j'ai suivi une formation d'ingénieur à l'ESIAL (Ecole Supérieur en Informatique et Applications de Lorraine) où le directeur M. Guyard m'a donné la chance de faire mes preuves. C'est grâce à cette école que j'ai eu le bagage scientifique nécessaire pour pouvoir aborder sereinement mon doctorat. Durant cette formation, j'ai eu l'occasion de discuter de mes espoir de faire une thèse et vous m'avez à votre niveau soutenus c'est pourquoi je souhaitais vous remercier : Mme Flavenot, M. Parodi et M. Vignier.

Je souhaite aussi remercier de tout coeur ma famille et mes amis pour leur présence et leur soutien.

Enfin, je souhaite dire un immense merci à Aurélia qui m'a suivi et surtout soutenu durant tout ce cheminement. Je pense que cette thèse n'aurait pas été la même sans toi.

La robotique est un domaine qui a pour objectif de fournir de l'aide à l'humain. Le mot robot trouve son origine dans le mot "robota" qui veut dire travail en Russe. Ainsi, le roboticien tend à trouver des solutions d'esclaves mécaniques qui pourraient assister l'humain dans des tâches avilissantes, dangereuses ou abrutissantes. Quoi de plus normal que de voir se développer des applications de la robotique à l'assistance des difficultés du quotidien. Ainsi, pour un individu atteint de troubles du mouvement, effectuer une réadaptation fonctionnelle consiste alors à aider ce patient en lui fournissant notamment les clés d'un nouvel "apprentissage", au travers d'exercices spécifiques. Ces exercices doivent être adaptés à la pathologie neuro-orthopédique et permettre de l'évaluer dans le cadre d'une aide au diagnostic ou encore d'assurer un suivi médical. C'est pour ce type d'applications que les robots pour la réadaptation fonctionnelle se développent. C'est dans ce cadre que se place le travail de thèse présenté dans ce manuscrit.

Assister des personnes souffrants de déficiences neuro-orthopédiques pour leur redonner une autonomie et un confort de vie, nécessite dans un premier temps de comprendre au mieux les tenants et aboutissants de leur pathologie neuro-orthopédique. Ce n'est qu'après cette étape que l'on peut définir des solutions adaptées.

Afin de concevoir des solutions robotisées, il faut dans un premier temps définir l'ensemble des tâches effectuées par le malade. Ce n'est qu'alors que l'on peut décrire et proposer une solution mécanique. En général, on associe à ce mécanisme un ensemble de capteurs permettant au robot d'analyser son environnement, y compris le malade. Enfin, on dote le robot d'une "intelligence" . De cette "intelligence" est créé un ensemble de commandes qui donne au robot la capacité d'aider le patient dans l'ensemble des tâches qu'il accomplit.

Ainsi, le travail présenté dans ce mémoire porte sur la modélisation du comportement pathologique afin d'améliorer la commande de robots pour l'assistance fonctionnelle. C'est dans cet objectif que l'on a développé des méthodes issues de la recherche en connexionnisme : les réseaux de neurones.

Pour arriver à cet objectif, ce texte est décomposé comme suit.

Dans le chapitre 1, le contexte médico-sociétal dans lequel s'inscrit ce travail est décrit puis les solutions d'interfaces robotisées pour l'assistance fonctionnelle, proposées dans la littérature, sont présentés ce qui conduit à décrire une problématique d'assistance fonctionnelle assistée par une interface robotisée.

Le chapitre 2 est consacré essentiellement à la modélisation du mouvement humain au travers notamment de l'étude des trajectoires articulaires.

Le chapitre 3 porte sur le mouvement pathologique. On s'interessera plus particulièrement à une modélisation mathématique du mouvement en se basant sur les hypothèses faites par les médecins. Cette modélisation permet de déduire l'importance de mettre en œuvre un modèle de prédiction du mouvement.

Après une brève description des réseaux de neurones artificiels dans le chapitre 4, un modèle de prédicteur est proposé. Il est appliqué sur des données issues de sujets sains et des sujets présentant un pathologie neuro-orthopédique.

Des résultats, obtenus dans le chapitre 4, découle une amélioration de ce prédicteur dans le chapitre 5. En l'occurence, le prédicteur est remplacé par un observateur qui aura pour fonction de reconstruire à partir d'informations partielles l'état du patient.

Enfin, le chapitre 6 portera sur la robustesse de cette modélisation lorsqu'on transpose ce modèle sur un malade en interaction avec un robot.

Une conclusion générale de l'ensemble de ce travail est faite dans le chapitre 7.

Chapitre 1

Du contexte au problème

Ce travail s'inscrit dans le domaine de l'assistance fonctionnelle par interface robotisée. Il se justifie par le besoin croissant de solutions d'assistance à l'humain. Une interface robotisée est vue comme un système actif capable d'interagir avec son environnement de façon "intelligente". Dans le problème de l'assistance fonctionnelle, l'interaction se fait entre l'humain et la machine. Le comportement "intelligent" du robot consiste en une interaction capable de rendre aux patients un certain nombre de mouvements du quotidien que les solutions mécaniques passives ne peuvent faire ou font de manière inadaptée. Ce travail cherche à améliorer les solutions de commande ("l'intelligence") des robots pour l'assistance fonctionnelle afin de proposer un système robotisé dédié à une pathologie neuro-orthopédique.

Ce chapitre commence par une description du contexte médico-sociétal qui donne une meilleure compréhension de la pathologie neuro-orthopédique étudiée. Ensuite, en remarquant que l'"intelligence" du comportement d'un sys-

3

tème est intrinsèquement liée aux fonctionnalités de ce dernier, et, dans ce cas, aux capacités mécaniques d'interaction avec l'humain, il est important de regarder dans la littérature les fonctionnalités proposées. Puis pour faire évoluer l'intelligence, ce travail tend à modéliser le mouvement humain ; c'est pourquoi une étude bibliographique est faite sur les connaissances a priori du mouvement humain.

1.1 Contexte médico-sociétal

Un syndrome cérébelleux se manifeste à travers toute une série de troubles liés à une atteinte du cervelet [Holmes 22] : incoordination motrice, troubles de l'équilibre et de la marche, tremblements et difficultés d'élocution. Il existe une multitude de syndromes cérébelleux et de nouveaux sont encore à découvrir. Les connaissances actuelles dévoilent que ce syndrome provient de maladies héréditaires et d'atrophies cérébelleuses congénitales isolées non progressives. Certaines maladies peuvent secondairement provoquer un syndrome cérébelleux : traumatismes crâniens, accidents vasculaires cérébraux, scléroses en plaque. Une étude de [C S C 05] compte près de 30 000 personnes en France atteintes de ce syndrome [C S C 05].

Comment se manifeste le syndrome cérébelleux ?
Le syndrome cérébelleux statique associe les troubles de la statique à ceux de la marche. La station debout est instable. On observe un élargissement du polygone de sustentation et des oscillations latérales et antéro-postérieures, auxquelles participent le tronc et les membres inférieurs. Dans les formes sévères, des oscillations du tronc apparaissent même en position assise, empêchant la verticalisation sans aide. La démarche est ébrieuse. Élargissant son polygone de sustentation, écartant les bras du corps, le cérébelleux a une démarche titubante, précautionneuse, irrégulière. Des embardées perturbent la direction générale du déplacement qui ne peut se faire en ligne droite.

A quoi sert le cervelet ?
Le cervelet est l'organe de la coordination des mouvements. Il est relié d'une

part au cerveau, par un pont de fibres nerveuses, ce qui lui permet d'acqué-rir à chaque instant les informations vestibulaires et occulaires, et d'autre part à l'ensemble des muscles par la moelle épinière, ce qui lui permet de connaître l'état instantané du mouvement. De fait, le cervelet est au centre des apprentissages [Thach 98]. Une lésion du cervelet constitue un obstacle à une démarche rééducative basée sur l'apprentissage. Ceci conduit à élaborer une approche rééducative qui corresponde à cette caractéristique.

L'assistance fonctionnelle
Actuellement, l'assistance fonctionnelle, qui a pour rôle de redonner une au-tonomie au patient agit de manière inappropriée pour les personnes atteintes du syndrome cérébelleux. La réadaptation fonctionnelle de la marche chez ces personnes a pour solution d'utiliser des déambulateurs "lestés". Le poids du déambulateur provoque un filtrage mécanique qui leur permet de conser-ver une certaine stabilité dans leurs mouvements. Malheureusement, cette solution est inadaptée car le poids du lest fatigue rapidement les patients qui sont déjà très fatigables. Ainsi une solution robotisée pourrait identifier les déséquilibres, les filtrer en évitant les contraintes de poids et les conséquences de fatigue chez le patient.

Objectifs
Il s'agit donc de disposer de moyens technologiques permettant d'une part au cérébelleux de se stabiliser lors de la verticalisation et lors de la marche, et d'autre part, de mettre en œuvre des protocoles de rééducation en gérant sa fatigabilité et en lui permettant de ne pas se focaliser sur la fonction « posture ». Il faut assister le patient en « filtrant le bruit » dû aux erreurs de contrôle effectuées par le cervelet, notamment permettre à un cérébelleux de marcher dans la direction choisie sans embardée ou de se lever d'une chaise sans risque de chute. La robotique de rééducation nécessite dans un premier temps une fonction d'assistance au mouvement et dans un deuxième temps de développer des solutions de rééducation sous forme de nouveaux protocoles en collaboration avec des médecins de rééducation fonctionnelle.

Un dispositif technologique d'assistance et de rééducation fonctionnelle peut être réalisé par une interface physique interactive et servant de moyen d'observation. L'analyse des données collectées par l'interface physique devrait fournir une évaluation de la déficience et donc de son évolution. Cette évaluation passe par l'identification posturale instantanée lors de l'application d'un protocole de rééducation fonctionnelle incluant l'interface physique.

1.2 Les interfaces robotisées pour l'assistance fonctionnelle

1.2.1 Etat de l'art

Evaluer la pertinence d'une méthode de rééducation demande de mettre en place un protocole impliquant un grand nombre de patients pendant une durée longue dans un cadre médical. Ces conditions servent souvent d'argument pour placer la rééducation comme une perspective des solutions présentés. Réadapter, en revanche, consiste à assister le mouvement au cours d'une ou plusieurs tâches. En pratique tous les robots présentés dans cette partie fournissent des fonctionnalités pour l'assistance fonctionnelle.

Toutefois, pour des raisons d'antériorité du domaine étudié qu'est la rééducation de la marche, des solutions sont proposés qui incluent des protocoles de rééducations comme l'orthèse "Lokomat" développé à l'Université Hopital Balgrist à Zurich [Colombo 00]. Ce robot combine un exosquelette qui englobe les membres inférieurs et le tronc, un tapis roulant et une suspension du tronc pour alléger une partie du poids du patient. Ce prototype (figure (1.1)) est conçu pour rééduquer les personnes paraplégiques, l'exosquelette permettant de maintenir complètement le bas du corps. Malheureusement l'utilisation du tapis roulant contraint l'appui des pieds à être dans un plan.

Un prototype qui donne plus de liberté dans les mouvements des pieds est l'interface appelée "Haptic Walker" (figure (1.2)) qui propose une solution basée sur deux robots équipés de plateformes de force sous les pieds et un système de suspension du tronc par un harnais pour pouvoir alléger le pa-

6

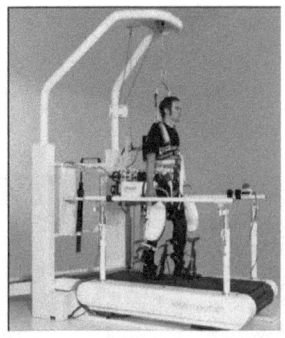

FIGURE 1.1 – Prototype du l'Université de Zurich : Lokomat

tient d'une partie de son poids [Schmidt 05]. Conçu pour la rééducation des personnes qui, après un attaque cérébrale, ont tendance à développer une hémiplégie partielle. Cette interface robotisée permet de forcer le patient à exécuter certains enchainements, un harnais allège le patient d'une partie de son poids ce qui permet aussi une musculation progressive.

FIGURE 1.2 – Prototype de Fraunhofer Institute IPK à Berlin : "Haptic Walker".

De même, on trouve des prototypes conçus pour remplacer l'acte du thérapeute (figure (1.3(a))), par exemple, le robot de rééducation à la marche de l'Université de Californie (figure (1.3(b))) qui combine un robot paral-lèle qui tient le bassin (PAM) et un robot (POGO) agit sur la jambe en se tenant à l'arrière du genou et au pied comme les mains d'un thérapeute [Reinkensmeyer 06].

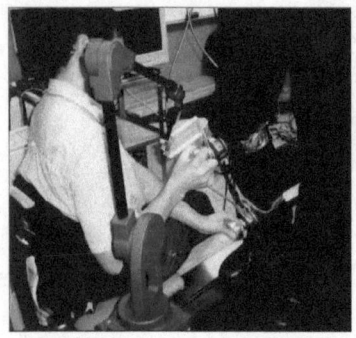

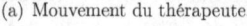

(a) Mouvement du thérapeute.   (b) Prototype : Pneumatic
Gait Training

FIGURE 1.3 – Prototype de l'Université de Californie.

Notons que ces outils sont dédiés à la rééducation de la marche seulement et vise des pathologies qui n'entrainent pas le syndrome cérébelleux.

D'autres prototype se spécialisent dans l'assistance à la verticalisation comme le robot assistant au transfert de l'Université de Ljubljana [Kamnik 03] (Slo-vénie), cf. figure 1.4. C'est un outil d'entrainement au transfert pour toute personne souffrant d'insuffisance musculaire affectant la mobilité. Les fonc-tionalités de ce robot sont réduites à ce mouvement.
L'utilisateur en appui sur des barres parallèles, s'assoit sur un siège reposant sur une structure mécanique semblable à une demi-balançoire.
L'équilibre du patient au cours du transfert est supposé quasi-statique, les effets dynamiques ne sont pas pris en compte. Conçu aussi pour aider les paraplégiques partiels à se lever, il utilise des capteurs Electromyographiques pour utiliser les flux nerveux résiduels comme entrée de la commande du robot.

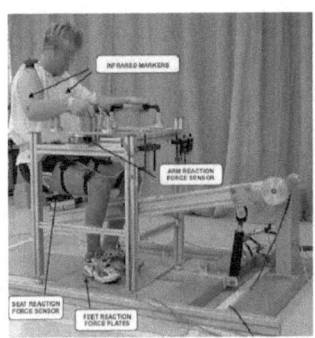

FIGURE 1.4 – Prototype de l'Université de Ljubljana.

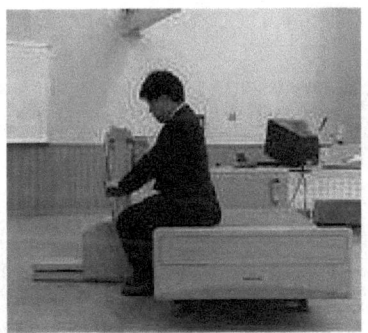

FIGURE 1.5 – Robot lit d'assistance de l'Université d'Electro-Communications des systèmes d'information de Tokyo.

Le prototype développé par l'Université de Tokio (Japon) [Chugo 06] présenté figure 1.5 est une solution basée sur la coopération de deux systèmes robotisés. Les auteurs ont développé un lit robotisé en interaction avec des poignées également robotisées. Le lit est mobile, pouvant s'éloigner du patient durant la verticalisation ou se lever et se baisser. Les poignées possèdent les mêmes degrés de liberté que le lit, c'est à dire les translations dans le plan sagittal au mouvement de verticalisation ; la combinaison des mouvements du lit et des poignées permet de contrôler la position des mains et de l'assise

9

pour mener le sujet à une posture érigée. En terme de capteurs la poignée est équipée d'une plateforme de forces 6 axes afin de mesurer l'interaction humain/poignée. Cette conception vise à améliorer le quotidien des personnes agées.

Une autre combinaison lit et support pour l'aide à la verticalisation et à la déambulation est développée par l'Université de Ritsumeikan (Japon) [Nagai 03] présentée dans la figure 1.6. Le prototype est un portique composé d'une plateforme où l'utilisateur repose ses avant-bras.
Cette plateforme permet à l'utilisateur de se lever et de s'asseoir mais également de déambuler et de tourner sur place tout en étant en appui sur la plateforme. L'actionnement de la plateforme est obtenu par des transmissions à câbles, l'ensemble du système doit reposer dans une chambre dédiée où l'installation du portique est indispensable. Ces projets proposent des

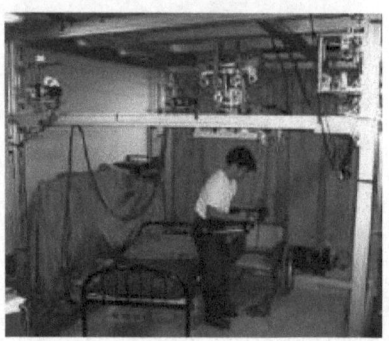

FIGURE 1.6 – Prototype de l'Université de Ritsumeikan.

solutions pour la verticalisation mais ils ne touchent pas le quotidien des malades neuro-orthopédiques. Ils nécessitent des pièces dédiées ou autre lieu fixe.

L'étude des systèmes précédents témoigne de l'intérêt porté à l'assistance des personnes à la déambulation. L'assistance fonctionnelle et l'aide au transfert sont traitées séparément.

Parmi les interfaces robotisées d'aide à la verticalisation et à la déambulation, il y a le prototype développé par l'institut de sciences et de technologie avancée de Corée (KAIST) [Lee 02], cf. figure 1.7.

Ce prototype est composé d'une base mobile équipée de capteurs de proxi-

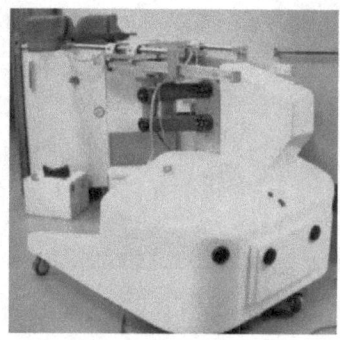

FIGURE 1.7 – Prototype du KAIST.

mité (sonars) pour la navigation et l'évitement d'obstacles, d'un bras manipulateur à un degré de liberté monté sur un capteur d'efforts. Le capteur d'efforts permet de mesurer l'interaction entre l'utilisateur et le robot. Le but de ce système est d'alléger la charge musculaire des jambes durant la marche. Pour ce faire, la position du bras manipulateur est asservie en effort à partir de la mesure de l'effort d'interaction. La liaison entre le système et l'utilisateur se situe sous les aisselles du patient, ce type de contact peut être douloureux et n'est pas toujours bien supporté. En effet, Bergeron et al. [Bergeron 88] disent de la béquille axilliaire qu'elle *demande une bonne capacité d'abduction de l'épaule pour maintenir la béquille sous l'aisselle et une bonne stabilité et force musculaire à l'épaule ;[elles] peuvent compresser sous l'aisselle lorsque mal utilisées.*

On peut citer également un robot de verticalisation [Chugo 07] qui soulève les patients en incluant un support du tronc (figure 1.8). Ce robot est spécifiquement destiné au personnes possédant une force musculaire réduite, comme par exemple les personnes âgées.

11

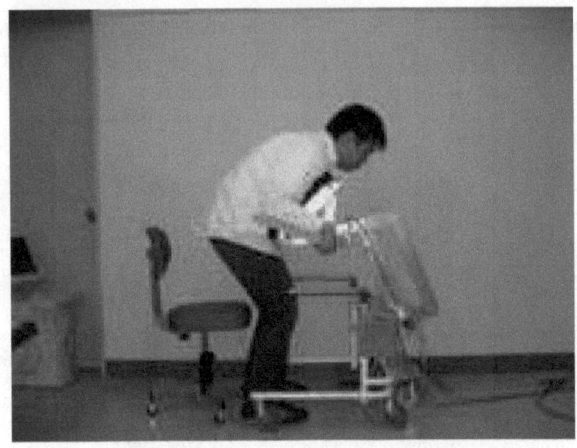

FIGURE 1.8 – Robot verticalisateur d'assistance fonctionnelle de l'Université d'Electro-Communications des systèmes d'information de Tokyo.

Enfin, le prototype de l'ISIR (DINO) associe la mobilité des déambulateurs et l'aide à la verticalisation (cf. figure 1.9). Il vise les personnes atteintes de troubles de coordinations mais pas de troubles musculaires.

1.2.2   DINO : Déambulateur Intelligent pour la Neuro-Orthopédie

Ce prototype a été décrit dans la thèse de Pascal Médéric [Médéric 06] effectuée à l'Université Pierre et Marie Curie-Paris6 au sein du Laboratoire de Robotique de Paris (LRP). Développé dans le cadre du projet RNTS MO-NIMAD3, il a été conçu en premier lieu pour la compensation de troubles de la posture chez les personnes âgées souffrant d'un syndrome post-chute [Murphy 82]. Cette interface physique a pour fonctions principales :

- L'aide à la transition assis-debout
- La stabilisation de la posture lors de la marche

FIGURE 1.9 – Prototype de l'Université Pierre et Marie Curie (DINO)

La stabilisation de la posture lors de la marche est assurée par une structure montée sur une base mobile à roues sur laquelle la personne prend appui ; pour permettre la verticalisation, la structure est articulée et motorisée.

Bien que ce prototype ait été défini pour le syndrome post-chute, ses fonctionnalités sont tout à fait adaptées à la stabilisation d'un patient atteint d'un syndrome cérébelleux tant en verticalisation qu'en déambulation. L'interactivité, contenue dans l'intelligence du système, permet le filtrage mécanique des tremblements sans induire d'effort de la part du sujet. Pour cela, on combine :

- une commande compliante qui tend à maintenir un effort d'interaction nul entre la poignée et la main ce qui rend l'inertie du déambulateur « transparente » pour le sujet
- une commande en soutien qui apporte un effort dans la direction du mouvement assisté.

La déambulation est aussi transparente grâce à cette commande compliante des poignées. Cette commande est décrite plus en détail dans la section 6.2.1.

La structure mécanique choisie, permettant l'assistance à la verticalisation et à la déambulation du DINO, ne possède aucune pièce qui garde une orientation fixe lors de la verticalisation. Pour récupérer l'orientation horizontale du sol, on utilise un mécanisme de parallélogramme croisé de Scott-Russel.

13

Ce mécanisme est couplé avec un système 4 barres qui permet de déporter cette orientation sur les poignées (qui restent horizontales). Pour augmenter la rigidité et la transmission de puissance des bras, la transmission de mouvement se fait par un système à glissière avec une bielle. La cinématique du DINO, dans le plan sagittal, est illustrée figure 1.10.

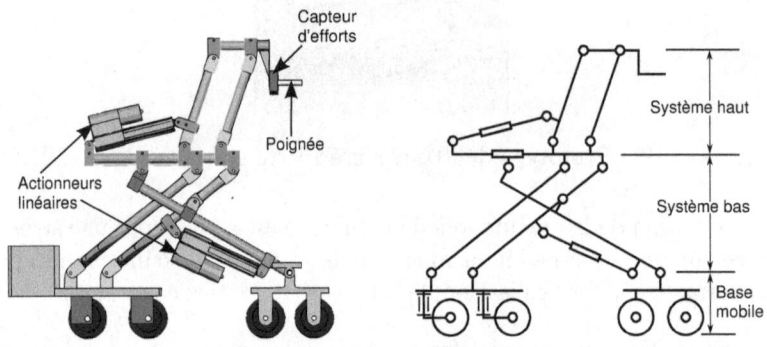

FIGURE 1.10 – Cinématique du DINO dans le plan sagittal.

Le mécanisme de Scott-Russel permet un empattement variable lors de la verticalisation, tel que l'illustre la figure 1.11. Grâce à ce mécanisme, on agrandit le polygone de sustentation, ce qui permet, dans toute configuration, d'avoir la projection du centre de gravité de l'ensemble humain/déambulateur à l'intérieur de son polygone de sustentation. La stabilité statique du couple humain/déambulateur est ainsi assurée.

Le mouvement des bras doit être indépendant pour rattraper les pertes d'équilibre latéral et pour prendre en compte les dissymétries potentielles du patient. Le DINO est donc constitué de deux bras articulés cinématiquement identiques, mais indépendants du point de vue de la motorisation.

Cette interface a été validée fonctionnellement en milieu clinique avec des personnes âgées. Elle a été testée sur une population hospitalisée de 19 personnes ayant besoin d'assistance pour se lever (figure 1.13).

14

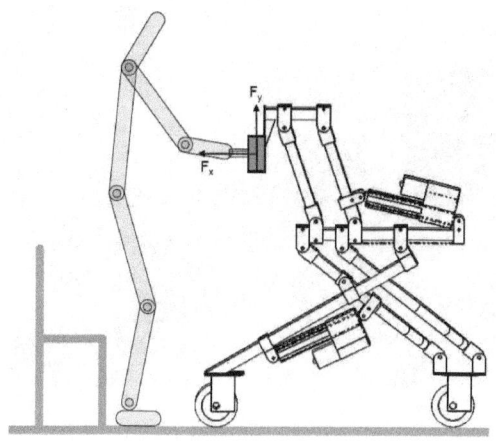

FIGURE 1.11 – Verticalisation à l'aide de l'interface Robotique.

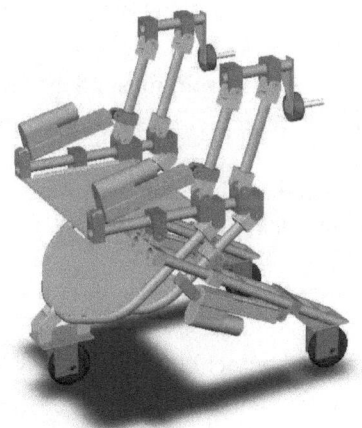

FIGURE 1.12 – Description CAO de l'interface Robotique et réalisation.

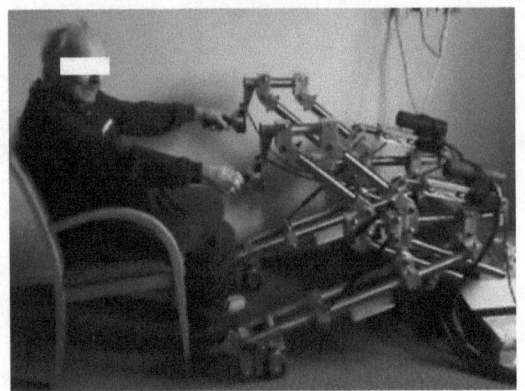

FIGURE 1.13 – Une personne âgée utilisant le DINO pour la verticalisation.

1.2.3 Bilan

Les interfaces robotiques peuvent être classées par fonctionnalités de la manière suivante :

- Verticalisation (Verti.) : les solutions aidant une personne à se lever
- "Déverticalisation" (Déverti.) : les solutions capables de faire se rasseoir une personne ;
- Déambulation (Déamb.) : les interfaces robotisées permettant au patient de déambuler dans un environnement régulier (pas d'escaliers ou dénivelé) ;
- Rééducation (Rééduc.) : Désigne les interfaces qui sont conçues pour la rééducation ;
- Interface : le type de contact entre le robot et le patient :
  - poignées(POI),
  - supports pour coudes et poignets(COU),
  - aisselles (AIS),
  - harnais ou prise au niveau du bassin (HAR)
  - chaises(CHA).

16

Le récapitulatif des interfaces robotisées en fonction de leur fonctionnalités est résumé dans tableau suivant :

Projet	Verti.	Déverti.	Déamb.	Rééduc.	Interface
[Colombo 00]				1	HAR
[Schmidt 05]				1	HAR
[Reinkensmeyer 06]				1	HAR
[Kamnik 03]	1	1		2	CHA + COU
[Chugo 06]	1	1			CHA + POI
[Lee 02]	1	1	3	2	AIS
[Chugo 07]	1	2	3		COU
[Médéric 05]	1	2	1	2	POI

TABLE 1.1 – Tableau récapitulatif des fonctionalités des robots pour l'assistance fonctionnelle.

où

- '1' désigne une fonctionalité principale sur laquelle des études sont faites
- '2' désigne une fonctionnalité possible mais non étudiée,
- '3' désigne une fonctionnalité passive

L'utilisation du DINO comme prototype est adapté si la pathologie neuro-orthopédique concerne la marche, la verticalisation et/ou la "déverticalisation". Une limite à l'utilisation de ce robot est l'interface, les poignées, cela impose que la pathologie neuro-orthopédique ne provoque pas d'affaiblissement musculaire, principalement au niveau des membres supérieurs. Dans ces conditions, le prototype DINO est capable de faire une assistance fonctionnelle voire une rééducation.

1.3 Problématique de l'assistance fonctionnelle avec DINO

Comme outil pour l'assistance fonctionnelle, l'"intelligence" du DINO doit être développée au travers de sa capacité à interagir avec l'humain. Ce qui revient à lui donner un "comportement" qui lui sera conféré par une commande appropriée.

Le but est que le robot suive la personne tout en la soutenant en cas de problème (déséquilibre, difficulté de marche ou de verticalisation, chute). Ce qui impose la connaissance du mouvement volontaire initié par l'humain et d'identifier l'instant de son initiation. Dans une deuxième phase, ce comportement est modifié en fonction des besoins des médecins pour entamer des procédures d'assistance fonctionnelle. Le premier besoin des médecins est d'avoir une interface qui pallie à la pathologie du patient. Ce qui conduit à considérer 4 points clés pour définir la commande interactive de DINO :

- Connaître l'exécution du mouvement volontaire : être capable de modéliser un mouvement humain.
- Identifier la volonté : commande réactive recevant suffisamment d'informations par ces capteurs pour comprendre l'intention.
- Identifier la difficulté : définir un critère de "non-normalité".
- assister en cas de difficulté : définir les stratégies capables de faire revenir le patient à un comportement "normal". Ce point n'est pas abordé dans la littérature.

Ces quatre points décrivent les commandes se retrouvant principalement décrites dans la littérature [Sciavicco 96] comme lois de commande pour un robot en interaction avec l'environnement.

Ici, l'interaction se fait avec l'humain atteint d'un trouble fonctionnel.

L'identification posturale assujettie à une pathologie neuro-orthopédique, qui ne présente pas de déficit moteur, impose une modélisation fine des boucles sensorimotrices et par conséquent l'identification des paramètres caractérisant leurs perturbations.

Pour élaborer un modèle de comportement pathologique, il faut utiliser une analyse de l'interaction patient/interface. Ce modèle peut-être exploité tant pour la simulation que pour la commande de stabilisation de l'interface utilisée. Une bonne identification de ce modèle permet d'évaluer, tant d'un point de vue quantitatif que qualitatif la pertinence de l'utilisation de l'interface.

1.3.1   Connaître l'exécution du mouvement volontaire

Dans la littérature, on peut noter un certain nombre de lois empiriques qui décrivent le mouvement effectué par l'humain. Bien que difficile à prouver, ces lois sous-entendent la présence de certains invariants dans le mouvement humain qui seraient le résultat de millénaires d'évolution par sélection naturelle [Darwin 59].

Parmi ces invariants M. Bernstein [Bernstein 67] suppose l'existence de synergies articulaires dans les mouvements du corps humain. Les synergies articulaires se définissent comme une synchronisation angulaire de différentes liaisons du corps humain durant une tâche qui reste constante qu'elle que soit la vitesse du mouvement effectué. Cette propriété est étudiée plus particulièrement par K. C. Nishikawa et al. [Nishikawa 99].

Par ailleurs, pour sauvegarder les tendons et les muscles, les mouvements articulaires sont naturellement doux ("smooth") ce qui est modélisé par des vitesses avec un profil en cloche [Abend 82]. On retrouve cette notion de profil de vitesse en cloche avec Lacquaniti et Terzuolo [Lacquaniti 83] qui proposent une mise en équation par la loi de la puissance 2/3. Pour cette relation empirique, il définit qu'il existe entre la courbure de la trajectoire de la main $(C(t))$ en fonction du temps t et sa vitesse $(V(t))$ une relation de la forme :

$$V(t) = K * C(t)^{2/3} \tag{1.1}$$

L'idée de contraintes dans le mouvement se retrouve chez Desmurget et al. [Desmurget 97] qui démontrent la notion de spécificité des stratégies de commande en fonction des contraintes du mouvement. Ainsi dans les publications de Rosenbaum et al. [Rosenbaum 95], il est proposé que la trajectoire est uniquement liée à la posture finale, pour cela les auteurs supposent l'existence de stratégies apprises qui sont combinées et pondérées au vu de la position finale. Ils considèrent que la trajectoire sera suivie avec une vitesse en forme de cloche.

Pour expliquer les propriétés liées aux mouvements, certains expliquent qu'elles sont plutôt issues de la dynamique du mécanisme. Ainsi Flash et Hogan [Flash 85] développe des critères de minimum jerk (minimum de la suraccélération) et le minimum torque (minimum des couples) pour expliquer l'origine des trajectoires "smooth" observées. Ce travail est mis en application par [Kuzelicki 05] sur un modèle biomécanique pour la génération de trajectoires articulaires de verticalisation par optimisation dynamique.

Dans le cadre du mouvement de verticalisation, un autre critère entre en compte qui est le fait de rester en équilibre. [Vukobratovic 04] a proposé un critère mécanique nommé Zero Moment Point qui représente le centre de pression (CdP).

D'autres auteurs cherchent à comprendre l'origine de ce mouvement en se basant sur une formalisation du système nerveux : le réseau de neurones . Ainsi, par exemple, Miyashita et al. proposent une méthode [Miyashita 03] pour générer les trajectoires articulaires pour la marche basée sur des algorithmes génétiques qui optimisent une structure basée sur des réseaux de neurones. Cette méthode d'optimisation a permis plus particulièrement de mettre en évidence un oscillateur neuronal qui est à la base de la périodicité de la marche. Malheureusement, ce type de méthode est adapté à la marche mais ne convient pas lorsque l'on cherche à étudier d'autres mouvements comme la verticalisation. De plus une telle méthode cherche à créer une solution générale saine ; or nous cherchons à trouver une solution spécifique pour des exécutions de mouvements pathologiques.

Tous ces critères et explications sont généralement étudiés sur des mouvements sains. Lorsque l'on cherche à expliquer des mouvements pathologiques on trouve des méthodes plutôt basées sur une description stochastique de la maladie. Dans cette idée, Britton et al. [Britton 94], Köster et al. [Köster 02] et Ang et al. [Ang 02] développent des solutions basées sur des réseaux de neurones pour représenter une pathologie neuro-orthopédique.

Dans l'ensemble ces méthodes permettent de générer ou de caractériser le mouvement humain (sáin ou malade). Pour pouvoir synchroniser un robot avec ce mouvement il faut savoir identifier ces mouvements et plus particulièrement leur intention.

1.3.2 Identification de l'exécution du mouvement volontaire

D'un point de vue de la commande, on peut résumer l'identification de l'exécution du mouvement volontaire comme un problème d'identification de changement d'état du système étudié pour la synchronisation. Lorsque le robot est capable d'identifier cette initiation, il est capable d'appliquer une commande qui est considérée comme adaptée à l'exécution du mouvement. Par exemple, identifier l'initiation de la marche doit provoquer un déplacement dans le sens de la marche du robot, coordonné avec celui du patient.

Ce problème peut se décrire, d'un point de vue de la commande, en un problème de suivi de trajectoire, une commande en effort et/ou en vitesse. Ainsi la commande compliante est un très bon exemple de suivi en effort. L'idée principale de ce type de commande est de simuler un ressort amortisseur pour l'interaction entre le robot et l'utilisateur. Pour cela on suppose que la liaison doit vérifier les équations d'un système ressort amortisseur. Appliqué à l'exemple de la marche, cela donnera une commande qui déplace le robot dans la direction de l'effort appliqué par le patient sur les poignées du robot. Ce type classique de commande permet de définir une première stratégie de commande pour un robot qui consiste à suivre le mouvement souhaité par l'utilisateur. On peut trouver ce type de stratégie dans des systèmes comme Care-O-Bot [Graf 04].

Dans d'autre cas, l'identification de l'initiation d'un mouvement peut être faite par une méthode stochastique [Hiratsuka 00] ; le choix est alors orienté vers des chaînes de Markow cachées. Ce travail développe l'idée d'un diagramme d'état. La détermination de l'état en cours et des transitions se fait par une évaluation de la vraisemblance de cet état et de cette transition. Ce qui prend en entrée une mesure dynamique du patient fournie par un capteur de force positionné sur le dossier et un capteur de forces placé sur l'assise de la chaise.

Bahrami et al. travaillent sur l'assistance des paraplégiques [Bahrami 00] en utilisant le système "Lokomat". Ils constatent dans un premier temps un changement de stratégie chez les personnes saines lors de l'utilisation de poignées d'assistance. De ce constat on déduit qu'on ne peut pas appliquer des résultats sans utilisation de robot à des résultats en utilisation de ce dernier. Ce qui implique que la méthode doit posséder une part de capacité d'adaptation pour prendre en compte le changement de stratégie. Un deuxième résultat de ce travail est la possibilité par des réseaux de neurones de faire une commande par électro-stimulation des jambes pour obtenir un mouvement humain.

Les méthodes proposées pour identifier l'intention d'exécuter un mouvement sont principalement des méthodes stochastiques qui permettent de décrire l'état du sujet comme une probabilité d'appartenir à un des états définis. Pour effectuer ce type de classification les méthodes les plus fréquemment utilisées sont les chaînes cachées de Markow, la logique floue et les réseaux de neurones.

L'exécution du mouvement volontaire étant déterminé, il semble important d'identifier lorsque l'exécution du mouvement est involontaire. Ce sont des cas où l'utilisateur a besoin d'une assistance et le problème revient à fournir la commande adéquate.

1.3.3 Identifier le besoin d'assistance

Deux grandes approches de commandes pour identifier le besoin d'assistance se distinguent.

Une première consiste à considérer la difficulté comme un état de la personne ou un retour à un de ses états et donc la commande prend en compte ces situations comme part entière du diagramme de fonctionnement. Hiratsuka et Asada [Hiratsuka 00] développent une méthode basée sur les chaînes de Markow cachées pour déterminer les phases du mouvement de verticalisation. Dans leur représentation, la difficulté dans le mouvement se traduit par un retour vers l'état précédent.

D'un autre côté on peut considérer le besoin d'assistance comme une exception qui provoque une commande prioritaire par rapport à la commande qui était en cours. Graf et Hägele [Graf 01] basent l'identification d'une difficulté par la mesure d'une brusque variation en effort au niveau des poignées. Lorsque ce besoin d'assistance est détecté, cela provoque l'arrêt du robot.

Considérer le mouvement pathologique impose de tenir compte de son expression très proche d'un mouvement déficient. Pour le mouvement pathologique des stratégies de réadaptation sont appliquées alors que pour le mouvement déficient se sont des stratégies de sécurité. Dans l'identification du mouvement déficient, Ang et Riviere [Ang 02] utilisent une solution basée sur un réseau de neurones adaptatif combiné avec la technique du filtre de Kalman étendu [Welch 04] pour la modélisation et la correction des erreurs en pointage faites par des personnes atteintes de la sclérose en plaque (SEP). La SEP provoque souvent le syndrome cérébelleux. Regardons donc plus précisement comment définir ce syndrome.

1.3.4 Le Syndrome Cérébelleux

Le syndrome cérébelleux est la conséquence de troubles du cervelet, dont les principaux modèles dans la littérature sont le CMAC proposé par [Albus 72] figure 1.3.4, et le modèle proposé par [Schweighofer 96]. figure 1.3.4.

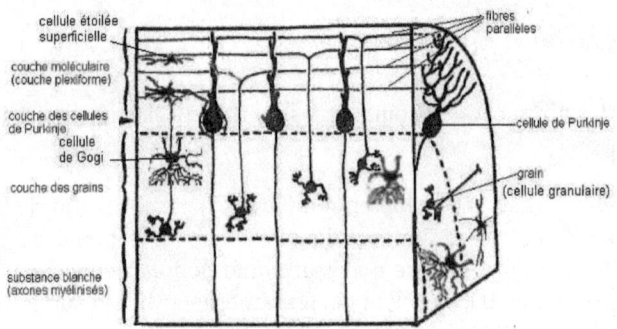

FIGURE 1.14 – Coupe longitudinale d'une lamelle de cervelet [Calot 07].

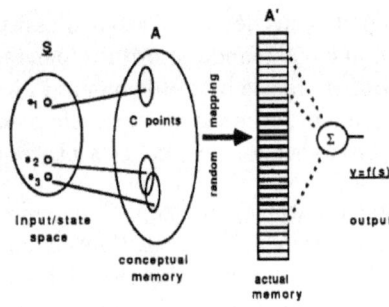

FIGURE 1.15 – Diagramme de l'architecture CMAC proposée par [Albus 72].

Ces modèles cherchent à simuler le fonctionnement du système nerveux. Bien que ces modèles divergent sur le rôles des différentes parties du système, conceptuellement Albus suppose un travail de mémorisation alors que

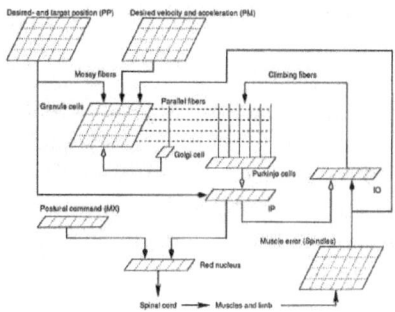

FIGURE 1.16 – Implantation de l'IDM de Schweighoffer et al.[Schweighofer 96].

Schweighoffer suppose l'implantation d'un modèle géométrique inverse. Ces modèles se basent sur une implantation artificielle des réseaux de neurones . Ces deux écoles s'opposent sur le rôle donné à différents blocs dans le fonctionnement du cervelet. Pourtant la structure mise en œuvre dans les deux cas est assimilable à un réseau de neurones. Or le réseau de neurones peut se décrire comme un approximateur universel. Pour approcher une fonction, le système doit apprendre à partir de données réelles ce qui se rapproche conceptuellement de Albus, l'approximateur se charge de mémoriser les données rencontrées au cours du temps. Cependant un réseau de neurones qui apprend cherche à extraire les données pertinentes, en tout cas avec les méthodes supervisées classiques comme la rétropropagation. Le système effectue, durant l'apprentissage, une abstraction des données rencontrées , autrement dit une modélisation ; cette manière de présenter l'apprentissage se rapproche conceptuellement celle de Schweighofer. Le débat Schweighofer-Albus reste pertinent dans la mesure où les méthodes d'apprentissages supervisées ne semblent pas donner satisfaction pour la modélisation du processus d'apprentissage chez l'humain. Mais dans le cas où l'on utilise une méthode supervisée, il ne semble pas nécessaire de noter la différence. Et si un choix est à faire, on préfère dire que l'approximation faite par les réseaux de neurones représentent une modélisation, c'est à dire le concept de Schweighofer.

1.4   Problème et objectif de la thèse

L'objet de ce travail de thèse est d'étudier les différentes phases de la modélisation du mouvement humain sain ou pathologique, liés au membres inférieurs pour définir et affiner le modèle dynamique de l'humain. Ce travail va principalement se centrer sur les parties : identification et modélisation. Dans tous les cas utiliser la modélisation est intrinsèque à un modèle mécanique et est basée sur des critères d'optimisation.

Des interfaces robotisées, comme DINO, sont capables fonctionnellement de réhabiliter les patients atteints du syndrome cérébelleux. Un certain nombre de solutions de contrôle existe pour aider des personnes atteintes de troubles du mouvement des membres inférieurs. La définition d'une commande d'assistance fonctionnelle suit le processus suivant :

1. on identifie le mouvement volontaire.

2. on modélise le mouvement pathologique.

3. on décrit une représentation de l'état du patient.

4. on décrit un ensemble d'actions en fonction des différents états de la personne.

Lorsque les réseaux de neurones sont utilisés, c'est principalement pour effectuer un changement de base non-linéaire comme passer d'une mesure dans le mouvement à des stimulations électriques [Kamnik 03, Khang 89, Ang 02]. Pourtant les réseaux de neurones sont capables de **parcimonie** [Lapedes 87], ce qui sous-entend une capacité à reconstruire un état en fonction d'entrées dégradées. La parcimonie permet aussi d'approcher un signal avec une précision arbitraire en utilisant moins de paramètres qu'une méthode polynomiale. Avoir un nombre d'entrées réduit permet de proposer des solutions robotisées les plus confortables possibles ; on entend par confortable une solution qui demande le moins d'appareillages portés par le patient. Les réseaux de neurones fonctionnent dans un espace non-linéaire ce qui doit permettre d'améliorer la modélisation du mouvement en fournissant des solutions d'approximations plus proches de la réalité. Enfin leur détermination se fait au travers d'apprentissage, ce qui donne la possibilité de déterminer des solutions spécialisées à chaque expression individuelle de la pathologie neuro-orthopédique. L'ensemble de ces propriétés ne sont pas vraiment étudiées dans la littérature pour modéliser le mouvement humain et d'autant moins lorsque l'on parle de mouvements pathologiques.

On va montrer que les qualités de la structure réseau de neurones peuvent être un atout dans la modélisation du mouvement humain sain et pathologique dans le cadre de la robotique d'assistance fonctionnelle.

Chapitre 2

Modélisation du mouvement

Cette partie aborde la simulation du mouvement humain. Il est possible d'extraire certains paramètres comme le Centre de Pression : critère de stabilité du mouvement utilisée dans la commande de DINO pour l'assistance. Il y a deux manières d'obtenir ce dernier. On peut le mesurer directement avec un capteur de force on appellera cette méthode CdP_{md} ou on peut le reconstruire à partir d'un modèle dynamique, on peut donc dire qu'il est issu d'une mesure indirecte et on l'appelle CdP_{mi}. Ainsi la construction du CdP_{mi} permet de retirer le capteur de force sous les pieds utilisé pour la commande de DINO présenté dans le travail de [Médéric 06]. Simuler ce mouvement permet d'avoir une trajectoire du CdP de référence qui comparée au CdP_{mi} calculé à partir des "q mesuré" [1] permet de donner un critère de stabilisation. Ce qui donne le schéma de commande de la figure 2.1. Dans cette figure, "q

---

1. "q mesuré" est obtenu par des capteurs de mesure d'angle : goniomètres ; il représente les trois données articulaire qui représente la verticalisation dans le plan sagittal : hanche, genou, cheville.

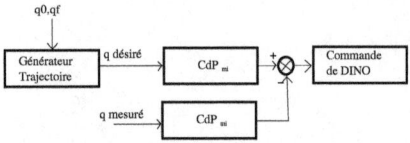

FIGURE 2.1 – Positionnement du générateur de trajectoires articulaires dans une commande de stabilisation par le Zero Moment Point.

désiré" désigne les valeurs angulaires discrètes au cours du temps qui, à l'instant initial, démarrent avec le vecteur de données articulaires $q0$, de même, le vecteur final s'appellera qf.

Les équations de la mécanique du solide permettent d'obtenir un modèle du comportement humain.

$$\tau = M\ddot{q} + C\dot{q}\dot{q} + G(q) \tag{2.1}$$

Cependant ce modèle peut être réduit lorsque le mouvement s'effectue dans un plan, comme celui de la verticalisation. Ainsi ce modèle peut être assimilé à une chaîne de trois corps rigides reliés par des liaisons pivots (figure (2.2)). Les entrées de ce modèle sont des trajectoires articulaires. Les calculs de ce modèle sont détaillés dans l'annexe A. Dans ce cas où il n'y a pas d'interaction avec une interface robotisée, on peut conclure que la coordonnée en $\vec{x0}$ du CdP_{mi} se calcule comme suit :

$$CdP_{mi} = \frac{I}{mg}(\dot{q1} + \dot{q2} + \dot{q3}) \tag{2.2}$$

où I représente l'inertie du tronc.

Concernant l'entrée du générateur, seules les valeurs angulaires initiales ($q0$) et finales (qf) sont connues, il existe une infinité de solutions possibles dans ces conditions, c'est pourquoi on ne peut résoudre analytiquement les équations du mouvement pour l'ensemble des valeurs intermédiaires qui composent le mouvement. Il faut donc trouver une méthode numérique qui génère ces valeurs angulaires.

Pour arriver à cela nous présentons trois méthodes. Une première approche mécanicienne du générateur de trajectoires articulaires consiste à déterminer les trajectoires qui minimisent des critères mesurés sur le modèle mécanique [Kuzelicki 05], décrite brièvement dans la partie 2.1.

Une autre façon de générer des trajectoires est de prendre les trajectoires articulaires mesurées d'un mouvement, interpoler ces dernières avec des polynômes représentatifs et les utiliser comme référence pour générer les trajectoires des mouvements d'autres personnes, cette approche sera décrite dans la partie 2.2.

Enfin, on peut aussi utiliser les trajectoires articulaires enregistrées comme base d'apprentissage d'un réseau de neurones qui aura pour objectif de renvoyer les trajectoires en fonction des paramètres de la tâche ($q0, qf$), cette approche est décrite dans la partie 2.3.

La pertinence de ces approches est finalement évaluée sur des données de verticalisations enregistrées sur une personne saine dans la partie 6.1.

2.1 Générateur de trajectoires articulaires par optimisation multi-critères

Cette approche consiste à définir une loi de contrôle satisfaisant un certain nombre de critères qui permette de commander un modèle biomécanique du système. La détermination de cette loi de contrôle s'appuie sur une méthode d'optimisation et prend en compte la modélisation du mouvement. Ici, le modèle du bipède est dans le plan sagittal (cf. figure (2.2)).

Le critère pour l'optimisation décrit par [Kuzelicki 05] consiste en une combinaison de critères quadratique d'unité N^2 (N : Newton). L'équation générale de la fonction de coût est de la forme suivante :

$$F_c = \frac{1}{T} \int_{t_0}^{t_f} (Crit_1 + Crit_2 * T^2 + Crit_3)dt \qquad (2.3)$$

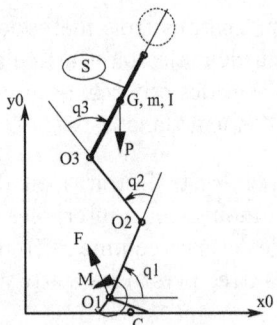

FIGURE 2.2 – Pantin virtuel et paramétrisation associée utilisée pour le modèle dynamique.

Cette fonction est composée d'une combinaison linéaire de plusieurs critères décrits et récapitulés par Flash et Hogan [Flash 85] :

- le critère d'efforts ($Crit_1$) qui additionne tous les efforts, des couples internes du mécanisme (τ) aux efforts d'interaction (λ) ;
- le critère de sur-accélération, autrement appelé jerk ($Crit_2$), il prend en compte les dérivées des couples internes ($\dot{\tau}$) et les dérivées des efforts d'interaction ($\dot{\lambda}$) ;
- le critère de symétrie ($Crit_3$) qui mesure cette dernière en comparant les efforts d'interaction du pied gauche avec le sol (λ_L) et du pied droit (λ_R).

La description de ces critères donne les équations suivantes :

$$\begin{cases} Crit_1 = \tau^T E_\tau \tau + \lambda_L^T E_\lambda \lambda_L, \\ Crit_2 = \dot{\tau}^T D_\tau \dot{\tau} + \dot{\lambda}^T D_\lambda \dot{\lambda}, \\ Crit_3 = (\lambda_L - \lambda_R)^T S (\lambda_L - \lambda_R), \\ T = t_f - t_0 \end{cases} \qquad (2.4)$$

Dans le cadre du modèle plan choisi, le critère de symétrie est nul ($Crit_3 = 0$) car $\lambda_L = \lambda_R$ ainsi que les efforts car par hypothèse les pieds sont encastrés.

Aussi les vecteurs τ, λ_L, λ_R prennent la forme suivante :

$$\tau = [\ \tau_1\ \tau_2\ \tau_3]^T\ ,$$
$$\lambda = \lambda_L = \lambda_R = [\ f_x\ f_z\ m_y] \tag{2.5}$$

Les matrices E_τ, E_λ, D_τ, D_λ sont des matrices diagonales contenant des pondérations pour chacun des paramètres des critères. Une table de pondération a été déterminée et les différentes valeurs sont décrites dans [Kuzelicki 05]. Les matrices de pondérations sont décrites comme suit :

$$E_\tau = Diag([0.1\ 1\ 1]) \qquad E_\lambda = Diag([0\ 0\ 0]) \tag{2.6}$$
$$D_\tau = Diag([0.5\ 0.01\ 0.01]) \quad D_\lambda = Diag([0\ 0\ 0.01]) \tag{2.7}$$

Ce critère (eq. 2.3) est développé pour déterminer les paramètres libres d'une courbe de Bézier, basée sur un polynome d'ordre 5, par trajectoire articulaire. En effet, ce polynôme d'ordre 5 sous-entend 6 (5+1) paramètres. Soit $B_z(t)$ une fonction de Bézier, sa représentation sera nécessairement de la forme :

$$B_z(t) = \sum_{i=0}^{5}(a_i * t^{(i-1)}) \tag{2.8}$$

Or, certains de ces paramètres sont nécessairement fixés par les conditions aux extrémités de la courbe. Si on fixe les positions initiale et finale ($B(0) = q0$, $B(t_f) = qf$) et leurs dérivées, que l'on souhaite nulle($\dot{B}(0) = \dot{B}(t_f) = 0$) alors 4 des 6 paramètres sont fixés. Il reste à explorer deux paramètres par courbe de Bézier, avec 3 courbes pour le mouvement de verticalisation dans le plan sagittal.

La méthode d'exploration de ces 6 paramètres est la méthode de la programmation séquentielle quadratique [Gill 91].

L'idée principale de cette méthode est de présenter le problème d'optimisation comme un sous problème de programmation quadratique, en utilisant une représentation du problème par le Lagrangien 2.9.

$$L(x, \lambda) = f(x) + \sum_{i=1}^{m} (\lambda_i . g_i(x)) \tag{2.9}$$

L'objectif est de minimiser la fonction de coût $F_c(x)$ sous m contraintes g(x) telle que :

$$\underbrace{\text{minimiser}}_{x \in R^n} F_c(x) \tag{2.10}$$

$$g_i(x) = 0 \quad i = 1, \dots, m \tag{2.11}$$

Si on suppose que la solution optimale (x^*, λ^*) vérifie la condition suivante :

$$\nabla L(x^*, \lambda^*) = \vec{0}$$
$$Avec \ x \in R^n \ et \lambda \in R^m \tag{2.12}$$

où ∇ désigne l'opérateur gradient par rapport à x. Si on pose :

$$\nabla^2 = \left[\frac{\partial^2}{\partial x_i^2 \partial x_j^2} \right] \tag{2.13}$$

On obtient :

$$\nabla^2 . d = -\nabla f(x_k) \tag{2.14}$$

d est un vecteur de taille $(n + m)$ qui représente la direction de recherche.

De cette condition, on peut décrire le sous-problème quadratique suivant :

$$\underbrace{\text{minimiser}}_{d} \ \tfrac{1}{2} d^T \nabla_k^2 d + \nabla f(x_k)^T d \tag{2.15}$$

$$\nabla g_i(x_k)^D t + g_i(x_k) = 0 \quad i = 1, \dots, m \tag{2.16}$$

où f représente la fonction de coût à minimiser, H_k est une approximation définie positive de la matrice hessienne (∇^2) du Lagrangien (eq. 2.9), sa mise à jour dans notre cas est faite par la méthode quasi-newtonienne de Broyden-Fletcher-Goldfarb-Shanno (BFGS) [Broyden 70, Fletcher 70, Goldfarb 70, Shanno 70]. Si m est le nombre de contraintes, g sera un vecteur de taille m représentant les contraintes. Cette méthode suppose un système d'actualisation du paramètre x par des récompenses progressives.

$$x_{k+1} = x_k + \alpha_x d_k \qquad (2.17)$$

dont α_k varie en proportion inverse de la monotonie de la matrice hessienne.

Pour initialiser le processus d'optimisation, il faut donner une solution admissible. La solution particulière choisie est celle qui inclut les contraintes : $\ddot{q}0 = 0$ et $\ddot{q}f = 0$. Ce qui permet d'avoir un système résoluble pour déterminer les paramètres. Cette solution permettra d'avoir une première approximation des solutions recherchées dans l'optimisation par Programmation Quadratique Séquentielle (SQP).

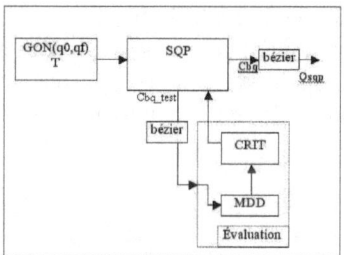

FIGURE 2.3 – Processus d'apprentissage de la méthode basée sur un modèle mécanique.

De manière schématique figure (2.3), l'algorithme de génération de trajectoires articulaires commence par les paramètres initiaux des trajectoires $(q0, qf)$. L'optimisation par SQP va proposer une solution de paramètres (Cbq_{test}) qui sont transformés en trajectoires articulaires discrètes par le biais de la boîte "Bézier". Ces trajectoires articulaires sont les entrées d'un modèle dynamique du pantin virtuel. L'optimisation critère-SQP va aboutir à une solution de paramètres optimaux (Cbq) qui sera renvoyée sous forme de trajectoires articulaires optimales via une boîte "Bézier".

Les points clefs de la méthode décrite précédemment sont l'utilisation d'une courbe de Bézier et le critère d'optimisation. Il est possible de déterminer une courbe de Bézier optimale s'appuyant seulement sur des trajectoires articulaires mesurées, en s'affranchissant du modèle mécanique pour l'évaluation du critère.

2.2 Générateur de trajectoires articulaires optimales au sens quadratique

Cette méthode consiste à effectuer pour chaque trajectoire articulaire une minimisation quadratique par le biais d'une optimisation SQP qui permet d'obtenir les paramètres optimum des courbes de Bézier.

Ici, le critère d'évaluation est simplifié, en effet, le critère se résume à une mesure de l'erreur quadratique (figure (2.4)). On conserve tout de même l'optimisation sous contraintes du système, ce qui sous entend que le polynôme obtenu passe par les points$(q0, qf)$ et a une dérivée nulle en ces points.

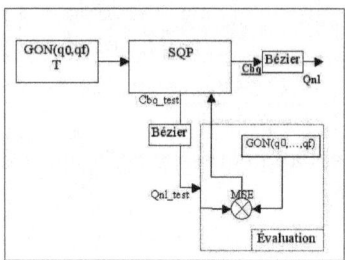

FIGURE 2.4 – Processus d'apprentissage de la méthode polynomiale basée sur un jeu de trajectoires articulaires.

La courbe de Bézier est un approximation par interpolation d'une trajectoire réelle. Bien que ces résultats soient pertinents, ce type d'approximation ne permet aucune extrapolation car le polynôme diverge dès que l'on sort du domaine d'approximation pour lequel l'approximation a été faite. De plus, les résultats des méthodes sont optimaux parce qu'ils prennent en compte seulement le mouvement de levé. Le polynôme d'ordre 5 doit donc décrire une variation monotone du mouvement. Ce qui représente une configuration idéale pour ce type de polynômes. Prendre en compte ces mouvements dans une échelle un peu plus large, par exemple en incluant une part de la phase de station debout, génère des solutions qui s'éloignent des trajectoires articulaires réelles.

2.3 Générateur de trajectoires articulaires par réseau de neurones

L'utilisation de réseaux de neurones permet d'avoir un outil plus "'souple"', c'est à dire dans notre cas, capable d'apprendre des trajectoires articulaires sans les limites de la représentation polynomiale.

L'algorithme proposé base son apprentissage sur un jeu de trajectoires articulaires réelles enregistré durant une verticalisation. Ce choix est justifié par la volonté d'être comparable avec les approches présentées. Le réseau de neurones ainsi implémenté prendra en entrée un vecteur temps ou plus précisément une valeur de durée et un pourcentage de la durée effectuée, et des paramètres connus a priori qui sont les valeurs angulaires initiales(q_0) et finales(q_f) du système. La sortie du système sera les trajectoires articulaires des différentes liaisons du modèle mécanique.

2.4 Comparaison des générateurs de trajectoires articulaires

Un objectif de ce travail est de trouver des trajectoires articulaires de référence avec un faible nombre d'enregistrements (pour pouvoir applique r les

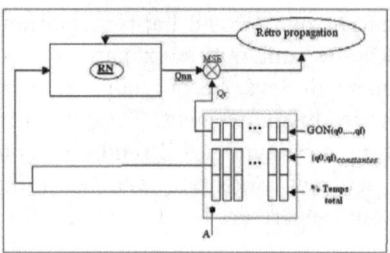

FIGURE 2.5 – Processus d'apprentissage de la méthode basée sur un réseau de neurones.

résultats à des patients qui se fatiguent au delà d'une dizaine de verticalisations). Une hypothèse est que le mouvement est spécifique à chaque individu, ainsi ces générateurs ne sont évalués que sur les données d'une personne.

Dans le cadre de cette étude, on travaille avec 4 trajectoires articulaires de verticalisations effectuées par une personne saine.

Les apports de ce manuscrit en générateurs de trajectoires articulaires sont ceux décrits dans les sections (2.2 et 2.3), ainsi la méthode décrite dans la partie (2.1) sert de référence.

Les méthodes proposées suivent le protocole suivant :

1. Un jeu de trajectoires articulaires enregistré durant une verticalisation de référence ($Tref$) est choisi et les conditions initiales en sont extraites.

2. La génération est faite à partir de ces conditions initiales. La $Tref$ est utilisée lors du processus d'optimisation.

3. La robustesse est évaluée à partir des 3 jeux de trajectoires articulaires restantes ($Tvalid1, Tvalid2, Tvalid3$).

L'enregistrement des valeurs est fait à l'aide de goniomètres placés au niveau de la cheville, du genou et de la hanche. Un goniomètre est un capteur servant à mesurer un angle. Ce placement a été fait afin d'avoir les rotations dans le plan de mesure des goniomètres. Les données mesurées sont échantillonnées à 100Hz ce qui est une fréquence admissible d'après le théorème de Shanon, pour acquérir un mouvement majoritairement inférieur à 5Hz et dont les hautes fréquences maximales sont à 20 Hz.

Une analyse statistique du bruit des capteurs permet d'évaluer le taux de précision maximum que l'on peut espérer avec ce capteur. Pour cette évaluation, chaque goniomètre a été placé à des positions arbitraires $(-\pi, 0, +\pi)$ et les valeurs du capteur ont été enregistrées pendant 2 secondes (durée maximale de verticalisation obtenue sur les personnes saines). Ce qui donne les écarts types et les valeurs maximales qui sont répertoriées dans le tableau 2.4. Un calcul des valeurs relatives [rel. (%)] est obtenu en faisant le rapport entre la valeur calculée et la valeur maximale mesurée avec ce capteur durant le mouvement. Ainsi, par exemple, si le mouvement du genou varie de $-\pi$ à 0.5 *rad*, l'amplitude du mouvement est d'environ 3.64 rad ainsi un bruit de 0.364 rad représente 10% du mouvement en relatif.

	hanche	genou	cheville
Écart Type (rad x 10^{-2})[rel.(%)]	0.32 [1.17]	0.18 [0.16]	0.20 [0.09]
Max(rad x 10^{-2})[rel. (%)]	0.54 [1.96]	0.50 [0.45]	0.01 [0.23]

TABLE 2.1 – Informations statistiques des goniomètres.

2.5 Résultats

La comparaison entre les trajectoires articulaires générées et une trajectoire mesurée durant une verticalisation (figure (2.6)) montrent que les différentes méthodes mènent bien le pantin virtuel de son point initial à son point final durant le temps de la verticalisation.

La méthode qui donne la trajectoire articulaire la moins satisfaisante est la méthode basée sur un critère mécanique. La trajectoire articulaire du haut s'éloigne de la trajectoire articulaire mesurée. Il s'agit de la trajectoire articulaire de la cheville qui a la plus faible amplitude et le moins d'influence dans le mouvement. Cette erreur reste donc acceptable mais cela sous-entend que

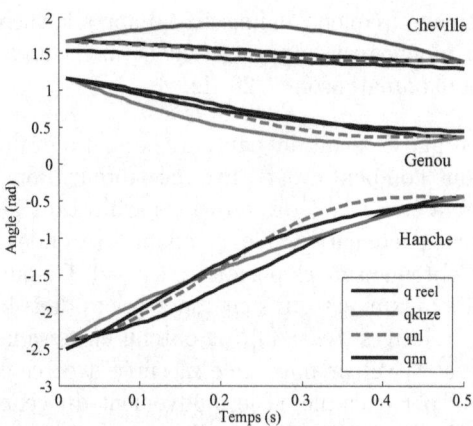

FIGURE 2.6 – Comparaison entre les trajectoires articulaires générées et les trajectoires articulaires mesurées.

le critère optimal est trop général et ne permet pas de représenter la stratégie de verticalisation propre à une personne.

En revanche, lorsque l'on se donne une information sur la courbure en prenant un jeu de trajectoires articulaires de référence (*Tref* du tableau 2.2), ce qui est le cas des deux autres méthodes (figure 2.6), on obtient des résultats beaucoup plus proches des trajectoires réelles.

La comparaison du tableau 2.2 est faite au travers de l'erreur quadratique moyenne. On peut lire dans ce tableau les résultats des différentes méthodes de génération de trajectoires articulaires. On peut remarquer qu'une méthode basée sur des réseaux de neurones (NN) obtient des résultats légèrement meilleurs que le générateur basé sur un critère mécanique (Kuze). Néanmoins, ces deux méthodes sont bien moins performantes en terme d'erreur qu'une optimisation polynomiale basée sur la trajectoire (NL). Toutefois, si on compare (NN) et (NL), on peut noter un avantage en terme d'écart type de la méthode (NN). Bien que l'erreur moyenne soit plus grande le résultat du réseau de neurones est plus régulier.

trajectoire \ méthode	Kuze	NL	NN
Tref	0.0482	0.0107	0.0232
Tvalid1	0.0525	0.0352	0.0348
Tvalid2	0.0496	0.0206	0.0430
Tvalid3	0.0469	0.0032	0.0285
Moy	0.0493	0.0174	**0.0324**
Écart Type	0.0024	0.0138	**0.0085**

TABLE 2.2 – Erreurs quadratiques moyennes des différentes trajectoires générées en rad.

Si on étudie les erreurs effectuées par les différentes méthodes pour chacune des liaisons (figure (2.7)), on retrouve l'erreur faite par la méthode "kuze" au niveau de la cheville.

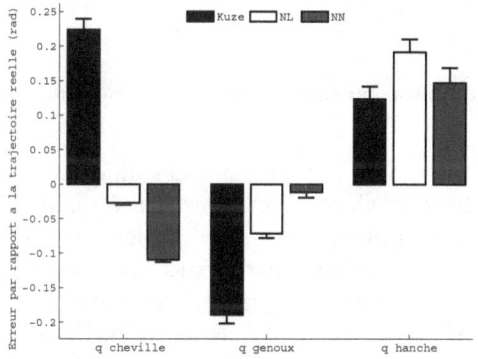

FIGURE 2.7 – Mesure de l'erreur des différents générateurs de trajectoires articulaires en comparaison à un jeu trajectoires articulaires réelles.

Enfin, pour mieux comprendre comment la méthode (NN) peut-être meilleure qu'une méthode polynomiale, un graphique représentant la somme des angles a été tracé (figure (2.8)), ce qui revient à tracer la trajectoire angulaire du tronc par rapport au repère R_0 associé au sol. On constate que la trajectoire angulaire générée par le réseau de neurones en gris clair pointillé est, la plupart du temps, plus proche de la trajectoire mesurée (en trait noir plein) que la trajectoire générée par la méthode "kuze" (en pointillé noir).

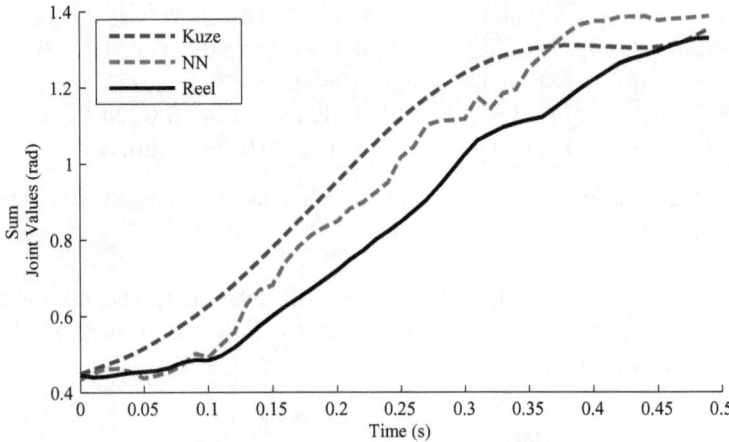

FIGURE 2.8 – Comparaison somme des erreurs Polynomial Réseau de Neurones.

Afin d'évaluer visuellement la pertinence des différentes méthodes, un diagramme de coordination Genou-Hanche est tracé (figure (2.9)) pour un jeu de trajectoires articulaires mesurées ainsi que les résultats des différents générateurs. On constate que la méthode "kuze" ne respecte pas vraiment une des contraintes intrinsèques au mouvement sain qui sont les synergies articulaires [Bernstein 67], spécifique à chaque individu. Ces synergies articulaires restent inchangées lorsque la vitesse avec laquelle le mouvement est effectué varie. Les méthodes qnl et qnn ont un tracé de leur synergie articulaire presque linéaire avec, cependant, qnn qui présente un biais.

2.6 Conclusion

En conclusion de ces résultats, il est à noter qu'il est important d'identifier certaines stratégies exclusives à l'individu (les synergies) lorsque l'on se

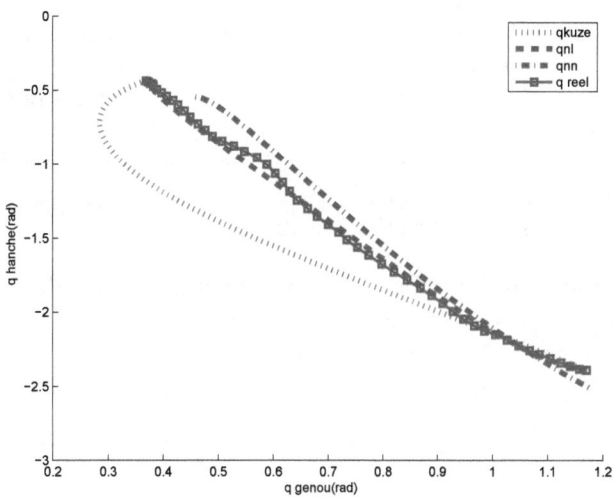

FIGURE 2.9 – Coordination Genou-Hanche pour les différents générateurs et trajectoires articulaires réelles (q reel).

contraint au mouvement spécifique à une personne . Il faut donc avoir au moins une mesure de ce mouvement pour définir ces stratégies. De plus, on peut constater que la méthode par réseaux révèle des résultats comparables alors qu'ils sont utilisés avec les pires conditions pour eux : un très faible nombre de données pour l'apprentissage.

Dans le cadre de la modélisation du mouvement pathologique neuro-orthopédique ces méthodes ne présentent pas assez de précision pour être une modélisation pertinente. Ainsi, ce travail de génération de trajectoires articulaires n'est plus possible lorsque l'on souhaite simuler le mouvement pathologique. Seule la méthode par réseau de neurones peut générer des solutions. Mais, la méthode (NN) nécessiterait un nombre important d'enregistrements ce qui n'est pas souhaitable pour des patients très fatigables.
Cependant, les propriétés des réseaux de neurones vont être utilisées dans les chapitres suivants pour obtenir des modèles valides en tenant compte de la limite sur le nombre d'enregistrements.

Dans le chapitre suivant, une modélisation mathématique de la pathologie neuro-orthopédique est présentée.

Chapitre 3

Le mouvement pathologique

L'objectif avoué de ce travail est de modéliser un mouvement pathologique. Dans la partie précédente, une approche globale permettant de générer les trajectoires articulaires a été présentée. Mais ces trajectoires articulaires ne sont validées que pour des mouvements sains. Un mouvement pathologique sous entend une dégradation du mouvement ce qui provoque des changements dans la commande du mouvement, c'est pourquoi ce chapitre propose une identification du mouvement sain et étudie si certains des paramètres de cette identification peuvent être modifiés pour obtenir une modification similaire à celle provoquée par le syndrome cérébelleux.

En commande une identification consiste à solliciter le système par diverses entrées et étudier comment le système réagit. Par une comparaison systématique des entrées sorties on peut déterminer les paramètres des équations de modélisation du système. Toutefois sur des humains, étant donnée ma spécialisation en sciences de l'ingénieur, il m'est impossible d'avoir accès aux entrées du système car cela voudrait dire se raccorder au système nerveux central et envoyer des impulsions électriques. Les informations sur la forme du système seulement par une observation des sorties obtenues sont issues de la littérature spécialisée. De même la modélisation de la pathologie neuro-orthopédique : l'altération du modèle du mouvement sain des membres inférieurs est faite à partir de l'hypothèse du retard dans la boucle de retour d'information [Britton 94],[Köster 02].

Ce chapitre propose une modélisation du mouvement humain basée sur une identification empirique de ces caractéristiques. Ce modèle sera altéré en appliquant les modifications supposées caractéristiques du syndrome cérébelleux. Une commande qui stabilise le mouvement pathologique est proposée, ce qui conduit à définir le besoin d'un prédicteur.

3.1 Conséquences d'un syndrome cérébelleux sur le mouvement

D'après le cours du Pr. Trouillas [Trouillas 07] sur le syndrome cérébelleux :

La description du syndrome cérébelleux a été faite en France par Babinski et la sémiologie classique de ce syndrome peut être trouvée dans le rapport de Babinski et Tournay [Babinski 13], largement complétée par le travail de Holmes [Holmes 22]. Les conséquences d'un syndrome cérébelleux sur le mouvement humain peuvent se résumer à :

- *ataxie,*
- *hypotonie,*
- *tremblement.*

[...]

L'ataxie cérébelleuse est le signe constant du syndrome cérébelleux et le caractérise totalement. On peut le définir comme une désorganisation spatio-temporelle du mouvement. En conséquence, elle peut affecter aussi bien les mouvements impliqués dans la posture générale que ceux impliqués dans la mobilité des membres. Cette ataxie se subdivise en deux grandes catégories : les ataxies statiques (ou ataxies posturales) et les ataxies cinétiques.

L'ataxie statique présente les principaux symptômes suivants :

- *Une altération de la marche ; une marche dite "ébrieuse",[...] accompagnée d'un élargissement du polygone de sustentation, de pas irréguliers et des demi-tours instables. Les chutes peuvent se produire lorsque l'ataxie de la marche est importante.*

- *La position pieds joints est touchée fondamentalement par une diminution du temps de maintien, voire par une impossibilité totale de ce maintien. Celui-ci est marqué par des oscillations de l'axe du corps et par une "danse des jambiers".[...]*

- *L'asynergie de Babinsky* [apparaît durant la marche,]*la partie supérieure du corps ne suit pas le mouvement des jambes et reste en arrière. Debout, en position naturelle, l'inclinaison du corps en arrière ne provoque pas la flexion des cuisses.[...]*

Une ataxie cinétique touche les mouvements volontaires et présente les symptômes suivants :

- *Hypermétrie[...]ou dysmétrie[...] : Le mouvement intentionnel est troublé dans sa terminaison par un défaut de ralentissement et de bloquage, ainsi que par une erreur de direction : de ce fait, le mouvement rate son but ou le percute avec une force excessive*

- *Dyschronométrie : l'initiation du mouvement est retardée, tandis que le mouvement est lui-même plus lent.[...]*

- *Asynergie : Babinski insistait sur le fait que le trouble touchait surtout les ensembles à plusieurs articulations. La succession harmonieuse dans le temps et l'espace des divers agonistes et antagonistes, pour aboutir à un mouvement lissé et "synergique", est compromise. En pratique, l'asynergie apparait au niveau des membres dans les gestes d'accroupissement[...]et les tentatives pour s'asseoir , dans lesquels apparaissent un décollement du talon excessif dû à une flexion anticipée et inadaptée de la cuisse.[...]*

*L'hypotonie posturale du tronc se révèle par l'hyperlordose lombaire don-
nant un aspect cambré* [vers l'avant]*caractéristique à certains cérébelleux.
Cette hypotonie pour les membres s'observe par une passivité exagérée lors
des mouvements de flexion-extension de l'avant-bras ou de la cheville.*[...]

Le tremblement *cérébelleux proprement dit est inconstant* [...]*et ne s'observe que dans une minorité de cas* [...] [*, au travers de*]*tremblements d'atti-
tude (ou d'action).*

Lorsque l'on regarde le problème de la réadaptation fonctionnelle on doit
regarder les symptômes qui affectent le mouvement des membres et les fonctionnalités qui peuvent être réadaptées par l'interface robotisée ; on entend
par réadapter, soutenir le patient durant le mouvement. Ainsi on tire les
conclusions suivantes :

- Ataxie : incoordination qui ne permet pas d'atteindre la tâche directement car le mouvement dé-coordonné n'atteint pas l'objectif dans
  un premier temps ce qui entraine un cycle de réajustement qui dans
  certains cas graves évoluent de manière divergente.
- Hypotonie : réduction de la réactivité des membres ou de leur amplitude. Ce qui sous-entend une réduction de l'espace atteignable mais on
  peut tout de même effectuer les tâches.
- Tremblement : rare et de faible amplitude relativement à ceux effectués
  lors des cycles de réajustements dû à l'ataxie.

La réadaptation fonctionnelle pour un syndrome cérébelleux est donc principalement concernée par **l'ataxie.**

3.2   Caractérisation de l'ataxie

Des études neurophysiologies, [Britton 94],[Köster 02] ont montré des délais
caractéristiques dans les signaux de commande chez les personnes atteintes
d'ataxies comme dans le syndrome cérébelleux, provoquant un résultat comparable à un système d'asservissement mal réglé.

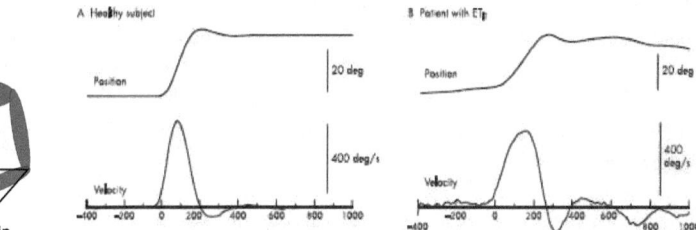

(a) Conditions expérimentales.

(b) Réponse du cérébelleux : à gauche en haut trajectoire articulaire du genou d'une personne saine et sa vitesse en dessous, à droite trajectoire et vitesse d'une personne atteinte d'une ataxie.

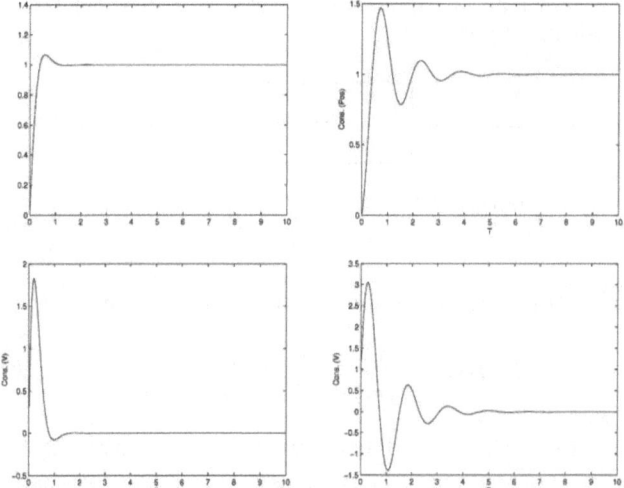

(c) Réponse d'une commande : en haut les tracés présentent 2 trajectoires en position d'une commande avec seulement le paramètre ζ qui change, en dessous leurs dérivées.

FIGURE 3.1 – Comparaison entre la réponse d'un mouvement humain (sain à gauche et ataxique à droite) et la réponse d'une commande classique du deuxième ordre.

L'évolution de la trajectoire articulaire du coude dans un mouvement simple (figure (3.1(a))) et l'évolution des sorties (figure (3.1(b))) comparées à un asservissement classique (figure (3.1(c))) montre une similitude. On peut donc supposer que des méthodes d'identification issues de l'automatique peuvent être utilisées. Dans notre cas, vue la complexité du système à mettre en œuvre, des outils avancés de commande basés sur des modèles internes du comportement sont utilisés.

L'hypothèse qui explique les oscillations amorties de la figure 3.1(b) est la présence d'un retard dans le retour d'informations transmises au cervelet [Manto 94].

Destabilisation d'un système stable par le paramètre retard :
Une réponse saine peut être assimilée à la réponse à un échelon d'un système (fig. 3.2) du deuxième ordre.

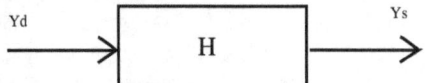

Yd   H   Ys

FIGURE 3.2 – Schéma bloc d'un système.

La fonction de transfert de ce système peut s'écrire en variables symboliques s comme suit :

$$H(s) = \frac{Y_s}{Y_{des}} = \frac{K}{\frac{1}{\omega_n^2}s^2 + 2\frac{\zeta}{\omega_n}s + 1} \tag{3.1}$$

où ζ représente le coefficient d'amortissement du système, ω_n la pulsation propre du système non-amorti et K désigne le gain statique de cet asservissement.

Pour obtenir une équivalence entre le système bouclé (fig. 3.3) et une réponse du deuxième ordre ($H(s)$), on cherche la fonction de transfert G tel que :

$$H(s) = \frac{K}{\frac{1}{\omega_n^2}s^2 + 2\frac{\zeta}{\omega_n}s + 1} = \frac{G}{1 + G} \tag{3.2}$$

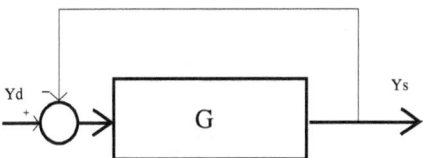

FIGURE 3.3 – Schéma bloc d'un système en boucle fermée.

D'où on obtient la fonction de transfert interne au système de la forme :

$$G(s) = \frac{K\omega_n^2}{s^2 + 2\zeta\omega_n s + \omega_n^2(1 - K)} \tag{3.3}$$

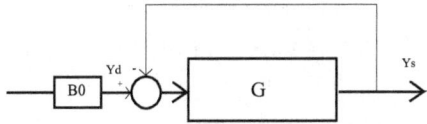

FIGURE 3.4 – Schéma bloc d'un système en boucle fermée.

Pour fonctionner en temps discret, un bloqueur d'ordre 0 (B_0) est placé devant le système (fig. 3.4), ainsi la fonction de transfert en Z simplifiÃ©e est de la forme :

$$H(z) = 1/2 \, \frac{zC_1C_4}{C_2(zC_3 - C_4)(z - C_3C_4)} \tag{3.4}$$

avec :

$$C_1 = K\omega_n \left(e^{\sqrt{(\zeta-1)(\zeta+1)}\omega_n} - 1\right)\left(e^{\sqrt{(\zeta-1)(\zeta+1)}\omega_n} + 1\right)$$
$$C_2 = \sqrt{(\zeta - 1)(\zeta + 1)}$$
$$C_3 = e^{\sqrt{(\zeta-1)(\zeta+1)}\omega_n}$$
$$C_4 = e^{-\zeta\omega_n} \tag{3.5}$$

ou en temporel :

$$H(k) = \frac{K\omega_n \left(1/2\, e^{-\left(-\sqrt{\zeta^2\omega_n{}^2-\omega_n{}^2}+(\zeta)\,\omega_n\right)k} - 1/2\, e^{-\left(\sqrt{\zeta^2\omega_n{}^2-\omega_n{}^2}+(\zeta)\,\omega_n\right)k}\right)}{\sqrt{\omega_n{}^2\,(\zeta-1)\,(\zeta+1)}}$$

(3.6)

La mise en place d'un retard dans la partie retour peut se faire assez facilement comme illustré dans la figure (3.2), ou n représente le délai évalué.

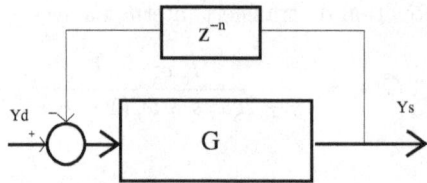

FIGURE 3.5 – Schéma bloc d'un système bouclé avec retard.

Ce qui donne une équation en z de la forme :

$$H(z) = \frac{G}{1 + z^{-n}G}$$

(3.7)

Les réponses en fonction du paramètre retard n montrent bien une déstabilisation. La réponse à l'échelon dans la figure (3.2) conduit à conclure que ce retard influe sur le paramètre amortissement (ζ). Cependant, ce paramètre retard provoque une augmentation du nombre de pôles dans le système qui est la cause de la perturbation de la stabilité du modèle.

3.3 Application sur un mouvement pathologique

Le modèle du retard est appliqué à des trajectoires articulaires de personnes atteintes du syndrome cérébelleux figure (3.7).

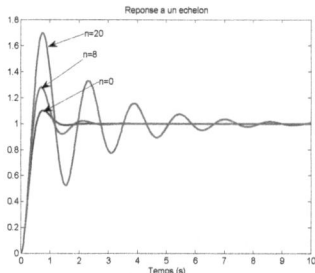

FIGURE 3.6 – Réponse à un échelon du système avec un retard de n.

Un trajectoire articulaire de référence ($q\ reference$) est définie par un polynôme d'ordre 4, parcequ'un polynôme d'ordre 5 suffit à donner une approximation des trajectoires articulaires d'un cérébelleux. En réduisant l'ordre du polynôme d'un degré, on approche la trajectoire articulaire en réduisant les oscillations.

Cette approximation est permise par l'utilisation d'une méthode basée sur les matrices de Van-Der-Monde. Cette méthode détermine les paramètres optimaux, au sens quadratique, d'un polynôme d'ordre donné qui permettent d'approcher une fonction. Pour cela, la matrice de Van-Der-Monde d'ordre (m+1) des entrées est définie comme suit :

$$Soit\ X = [x_1 \ldots x_n]^T,\ VdM(X,m) = \left\{ \begin{array}{ccccc} 1 & x_1 & x_1^2 & \ldots & x_1^m \\ & & \vdots & & \\ 1 & x_n & x_n^2 & \ldots & x_n^m \end{array} \right\} \quad (3.8)$$

On peut ainsi présenter les résultats du polynôme comme un produit matriciel (3.9).

$$Soit\ y_i = f(x_i) = a_0 + a_1 * x_i + \ldots + a_m * x_i^m,\ VDM. \begin{bmatrix} a_0 \\ \vdots \\ a_m \end{bmatrix} = \begin{bmatrix} y_1 \\ \vdots \\ y_n \end{bmatrix} \quad (3.9)$$

Ce qui nous donne comme solution des paramètres :

$$\begin{bmatrix} a_0 \\ \vdots \\ a_m \end{bmatrix} = VDM^+ . \begin{bmatrix} y_1 \\ \vdots \\ y_n \end{bmatrix} = (VDM^T . VDM)^{-1} . VDM^T . \begin{bmatrix} y_1 \\ \vdots \\ y_n \end{bmatrix} \quad (3.10)$$

Après avoir déterminé la trajectoire articulaire de référence ($q\ reference$), on lui applique la fonction de transfert avec retard (eq. 3.7). Le choix de la valeur du retard (n) est effectué en parcourant toutes les solutions en faisant varier n de 1 à 100 c'est à dire, étant donnée la fréquence d'échantillonage fixée à 100Hz, en évaluant le délai dans la boucle de retour de 0.01 à 1 seconde (à 1 seconde le système diverge systématiquement). La trajectoire articulaire sélectionnée est la plus proche, au sens des moindres carrés, de la trajectoire articulaire réelle.

Le modèle retard est une fonction de transfert qui permet d'altérer un mouvement sain pour se rapprocher d'un mouvement pathologique. Ainsi, si le modèle est parfait, la trajectoire articulaire de consigne ($q\ reference$) sera transformée en la trajectoire articulaire réelle ($q\ reel$). L'équation de ce modèle est donnée par l'équation (eq. (3.7)).

Les tracés de la figure 3.7 présentent :

- $q\ reel$: trajectoire articulaire enregistrée sur un patient,
- $q\ reference$: interpolation polynomiale d'ordre 4 de $q\ reel$ que l'on supposera être la consigne saine,
- $q\ retard$: résultat du modèle retard à partir des consignes $q\ reference$.

Ces tracés montrent que bien qu'on obtienne un certain nombre de variations de la trajectoire articulaire simulée ($q\ retard$) autour de la trajectoire articulaire de consigne ($q\ reference$), la modélisation de la trajectoire articulaire pathologique est imparfaite.

Une prédiction pour compenser le retard : Pour stabiliser le mouvement généré avec ce paramètre retard, il semble naturel d'inclure une avance

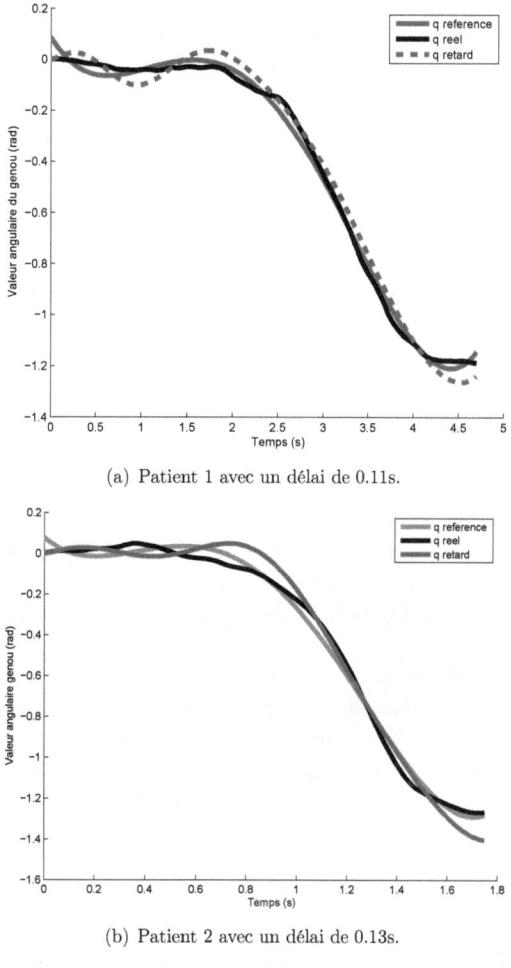

(a) Patient 1 avec un délai de 0.11s.

(b) Patient 2 avec un délai de 0.13s.

FIGURE 3.7 – Trajectoires angulaires du genou.

dans la commande, aussi appelée : prédicteur. Ce qui consiste à inclure la
prédiction dans la commande figure (3.3).

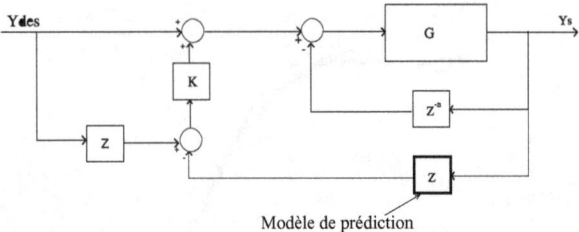

Modèle de prédiction

FIGURE 3.8 – Schéma de commande de régulation incluant la prédiction.

A partir de l'éq. (3.7), ce schéma de commande donne une équation de transfert de la forme suivante :

$$T(z) = \frac{(1 + k * z) * H(z)}{(1 + k * z * H(z))} \tag{3.11}$$

Ces lois de commandes (eq. 3.11) appliquées aux systèmes simulés avec retard (exemples de trajectoires du genou de patients figure (3.9) et figure (3.10)), donnent un très bon suivi de la trajectoire articulaire de référence.

De même, dans la figure 3.11, un suivi de trajectoire articulaire de la hanche durant une verticalisation avec un système retardé de 0.3 s (figure (3.11)(a)) est comparé à ce même suivi auquel on a rajouté la commande permettant une stabilisation forte du système.

3.4 Conclusion

Un modèle de la pathologie neuro-orthopédique a été defini à partir d'hypothèses trouvées dans la littérature spécialisée en neurosciences, et bien que ce modèle reste totalement perfectible, il a permis de montrer qu'inclure une prédiction dans la commande permet de stabiliser ce modèle pathologique.

Cette conclusion est d'importance, elle conduit à rechercher une solution

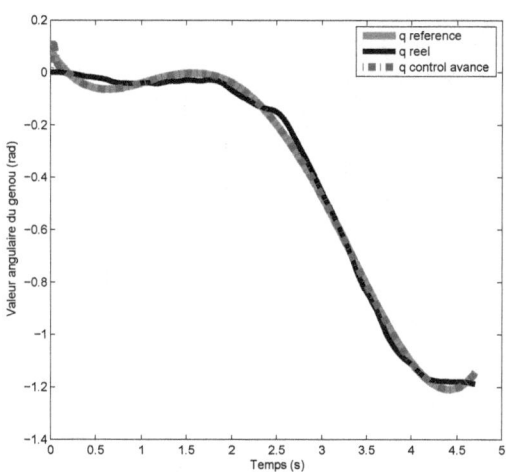

FIGURE 3.9 – Résultats de la commande prédictive appliquée à la trajectoire articulaire du genoux du patient 1.

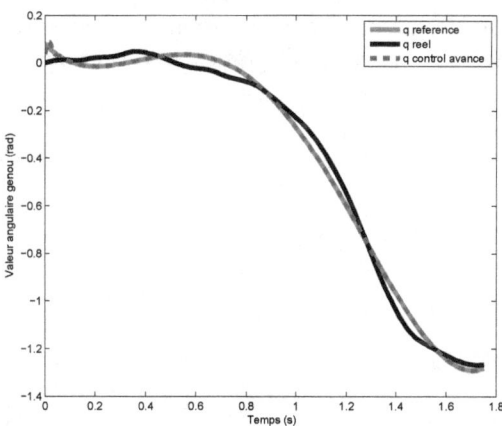

FIGURE 3.10 – Résultat de la commande prédictive appliquée à la trajectoire articulaire du genoux du patient 2.

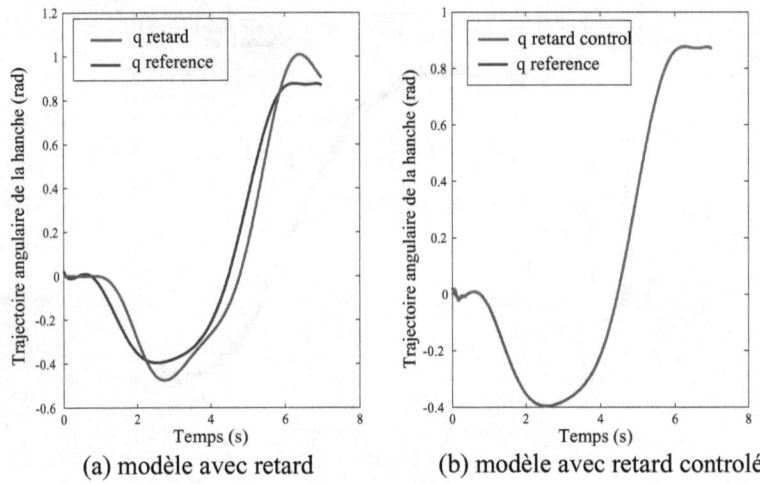

(a) modèle avec retard   (b) modèle avec retard controlé

FIGURE 3.11 – Trajectoire de la hanche durant une verticalisation.

prédictive capable de fournir des informations en avance sur le mouvement.
Pour cela, une solution basée sur des réseaux de neurones est proposée dans
le chapitre suivant.

Chapitre 4

Modèle pathologique : Réseau de neurones prédictif

Dans l'hypothèse du temps discret inhérent à un système numérique, la prédiction à un pas consiste à définir les valeurs du système à l'intant $k+1$ en fonction des instants passés.

Dans ce chapitre, une structure basée sur les réseaux de neurones est utilisée. Ce choix est justifié autant pour des raisons souvent citées dans la littérature et explicitées dans les chapitres précédents (modélisations du cervelets, utilisation pour la stimulation éléctrique, mouvement pathologique), que par les propriétés de ces modèles connexionnistes : spécialisation, parcimonie, généralisation.

Pour mieux comprendre ces propriétés, il semble important, dans un premier temps, de rappeler leurs fonctionnements.

Dans un deuxième temps, un point est fait sur les propriétés qui concernent le problème de la prédiction d'un mouvement pathologique. L'accent est mis sur les capacités de généralisation et de spécialisation intrinsèques à l'apprentissage.

Puis, une description est faite de la structure du réseau de neurones qui présente l'intérêt d'utiliser une organisation directe (perceptron à une couche cachée) alors que la formulation est récursive : elle inclut une mémorisation des entrées passées.

Enfin, cette structure est mise en œuvre dans des conditions réelles et la capacité de prédiction est évaluée sur des données de verticalisations autant saines que pathologiques.

4.1 Définition d'un réseau de neurones

4.1.1 Description

Un réseau de neurones est une structure artificielle basée sur une modélisation formelle du neurone. Cette formalisation décrit le neurone (figure 4.1) comme un système composé d'un intégrateur ($\sum$), de signaux d'entrée (w_i) dont le résultat est envoyé dans une fonction d'activation (f). La fonction d'activation est à choisir parmi différentes possibilités (fonction signe, fonction heavyside, fonction linéaire à seuil, fonction sigmoïde, tangente hyperbolique). Dans notre cas, on souhaite que la sortie soit symétrique par rapport à zero et différentiable, c'est pourquoi la fonction tangente hyperbolique est utilisée.

La structure adoptée, la plus fréquemment utilisée, est une interconnexion des neurones en couches successives.

Il existe plusieurs façons de connecter les différentes couches. Cependant, il est possible de réduire toute structure multicouches à une seule couche cachée en considérant illimité le nombre de neurones dans cette dernière pour

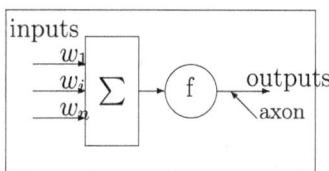

FIGURE 4.1 – Un neurone artificiel.

l'approximation de fonction [Hornick 93]. Nous avons donc restreint l'espace de recherche de structure à un système avec une couche cachée. Par ailleurs si on accepte de perdre en précision on peut alors limiter le nombre de neurones dans cette couche cachée. Ce nombre est estimé de façon expérimentale.

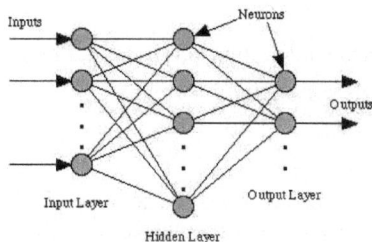

FIGURE 4.2 – Structure d'un réseau de neurones à une couche.

4.1.2 Prédiction et réseau de neurones

Un réseau de neurones peut se décrire comme un système "MIMO" (Multiple Input Multiple Output) dont les propriétés d'apprentissage de type supervisé permettent de restituer un résultat de sortie au regard des entrées. Avoir un système prédicteur revient donc à définir un système dont les sorties sont similaires aux entrées mais dans le futur.

La chaîne d'acquisition se fait par l'intermédiaire d'un ordinateur, ce qui suppose un échantillonnage des mesures et un travail en temps discret.

Si on pose $q(k)$, l'état d'un système à un instant k, alors le réseau de neurones (Σ) peut être considéré comme une fonction de la forme :

$$q(k+1) = \Sigma(q(k)) \tag{4.1}$$

En prenant en compte, en entrée, plus d'informations passées, on obtient la description suivante :

$$q(k+1) = \Sigma(q(k), q(k-1)...q(k-BW)) \tag{4.2}$$

avec BW, un scalaire, représentant le nombre de données précédentes utilisées.

4.1.3 Propriétés d'un réseau de neurones

Les réseaux de neurones sont pourvus trois grandes propriétés :
- Approximation de fonction
- Classification
- Apprentissage

En tant qu'approximateur, le réseau de neurones est une méthode qui présente les qualités d'*approximateur universel* comme les méthodes de polynômes, de séries de Fourier. Ces méthodes permettent par régression d'approcher une fonction à un degré de précision fixé. L'apport du réseau de neurones sur les autres méthodes est d'effectuer une **approximation parcimonieuse**, c'est à dire, que cette méthode est capable d'approcher une fonction pour une précision donnée avec moins de paramètres que les approches usuelles. De plus, [Rivals 95] argumente que le nombre de paramètres évolue principalement de manière linéaire par rapport au nombre de variables de la fonction à approcher alors que les approches usuelles peuvent voir leur nombre de paramètres varier exponentiellement avec l'augmentation de la dimension d'entrée. Notons toutefois que cette propriété est particulièrement vérifiée dans le cadre de l'approximation numérique.

Les réseaux de neurones sont capables de **classifier**. En fait, cette propriété découle de la capacité d'approximation. Si on possède un approximateur pour deux fonctions (f et g) qui est basé sur une identification du couple entrée-sortie, alors le degré d'appartenance d'un nouveau couple entrée-sortie est directement lié à l'erreur faite par l'approximateur : plus cette erreur est grande moins cet approximateur est adapté et donc moins ce couple entrée-sortie appartient à la fonction.

L'**apprentissage** apporte des propriétés d'adaptabilité des réseaux de neurones . Ainsi une même structure peut approcher une multitude de fonctions grâce à l'apprentissage. L'apprentissage réside en une procédure qui actualise les poids du réseau de neurones pour atteindre un objectif. Dans le cas d'un approximateur l'objectif sera la précision du modèle.

4.1.4 Méthodes d'apprentissages des réseaux de neurones

Parmi les méthodes d'apprentissage existantes, il y a :

- les méthodes de pseudo-inversion des matrices d'entrée et sortie (base radiale) [Chen 91] ; cette méthode a été écartée en raisons de résultats ayant une performance trop faible,
- les méthodes par renforcement [Hayes 96] : plus générales que les précédentes, elles permettent de déterminer des solutions avec des structures plus exotiques (boucles locales, recurrence locales...) que les réseaux de neurones multicouches , cette méthode a été écartée car le temps de convergence est trop long,
- les méthodes par rétropropagation de gradient (gradient stochastique ou gradient global) : spécifiques aux réseaux de neurones multi-couches comme ceux implémentés dans ce travail ;

Le travail suivant présente seulement des études en utilisant les méthodes de rétropropagation.

Comme nous l'avons dit précédemment, la fonction d'activation est une tangente hyperbolique (eq. (4.3)) dans laquelle g est un vecteur de sortie des couches précédentes (g_i) et w_i sont les pondérations de ces liaisons. L'équation d'un réseau de neurones peut être écrite comme suit :

$$tanh(x) = \frac{e^x - e^{-x}}{e^x + e^{-x}} \tag{4.3}$$

$$f(g) = tanh(\sum (w_i.g_i)) \tag{4.4}$$

L'actualisation des pondérations (w_i) est basée sur une rétropropagation du gradient exprimée dans l'eq. (4.5) :

$$w_{s+1} = w_s - \alpha.G_s \tag{4.5}$$

où s est le pas d'apprentissage, α le taux d'apprentissage et G_s le gradient des erreurs.

Le calcul du gradient est basé sur l'algorithme de rétropropagation et doit être évalué à chaque pas k pour les sorties j, il est décrit par la relation (eq. (4.6)).

$$G_s(j) = \frac{\partial q^*}{\partial q_j} = (q_j^* - q_j) \tag{4.6}$$

La fonction objectif du réseau (fc) est une moyenne quadratique de l'erreur entre la trajectoire souhaitée (q_i) et la sortie du réseau (q_i^*).

Cet apprentissage minimise donc la fonction coût (fc) :

$$fc = \sum_{i=1,3} \sqrt{(q_i^* - q_i)^2} \tag{4.7}$$

4.2 Prédicteur neuronal

Prédire les mouvements du patient permet principalement de donner une capacité d'anticipation pour les actions mises en oeuvre par l'interface robotisée. Le réseau de neurones réalisé est décrit dans la figure 4.3.

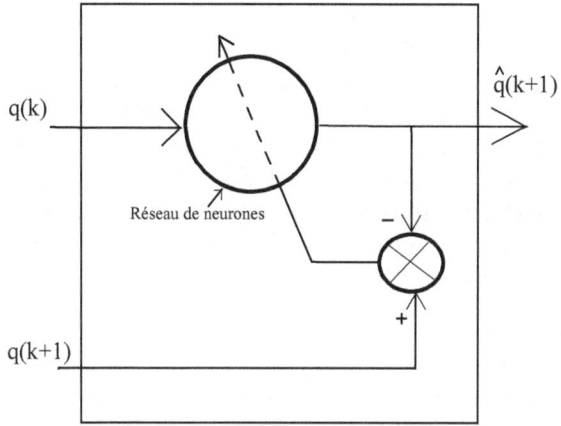

FIGURE 4.3 – Description d'un prédicteur pour le mouvement de verticalisation.

Ainsi dans la figure (4.3), l'entrée de ce système est un vecteur q à l'instant k composé des valeurs angulaires à un instant k de la hanche, du genou et de la cheville, et la sortie est le vecteur $\hat{q}$ des valeurs angulaires prédites. L'apprentissage est effectué en donnant le vecteur q à l'instant $k+1$.

4.2.1 Propriétés étudiées

Dans le problème spécifique de la prédiction du mouvement humain, deux propriétés sont exploitées :

- la généralisation
- la spécialisation

Généralisation
Il faut entendre par généralisation, la capacité du réseau de neurones à effectuer une modélisation pertinente du mouvement quelles que soient ces

conditions d'utilisation, c'est à dire, in fine, pour le réseau, être capable d'interpoler au mieux la fonction à réaliser. En application, on considèrera la vitesse comme un élément de validation de la généralisation. Pour cela il a été demandé aux sujets de se lever à une vitesse normale puis aussi rapidement qu'ils le pouvaient sans décoller les talons. Le postulat est que si le réseau de neurones est capable de modéliser des mouvements rapides lorsqu'il a appris avec des mouvements à vitesse normale (et inversement), il est capable de modéliser le mouvement de façon pertinente quelle que soit la vitesse comprise entre ces deux extrêmes (cf. section 6.1.4.1).

Spécialisation
L'expression de la pathologie neuro-orthopédique est unique à chaque individu. Une propriété importante est que la modélisation soit spécialisée à chaque patient. Ainsi à l'inverse des approches classiques de modélisation qui cherchent la solution qui marche dans tous les cas et pour le plus grand nombre, on souhaite une solution qui soit pertinente pour une personne et qui soit capable de différencier la personne apprise d'une autre personne. On considère que la méthode doit être unique mais l'apprentissage doit rendre le modèle spécifique à l'individu. Une solution bien spécialisée est un suivi de trajectoires articulaires qui voit son erreur grandir fortement lorsque le sujet change.

Une méthode basée sur les réseaux de neurones permet un **apprentissage**. Cet apprentissage va fournir une capacité d'adaptation au comportement pathologique spécifique à chaque individu.

Ces propriétes sont évaluées dans la section 6.1.4.1.

4.2.2 Paramètres de la structure

Bien que la structure soit définie, il reste encore plusieurs paramètres à spécifier. Tout d'abord il y a la méthode d'apprentissage.

Nous allons nous attacher à comparer les deux types de méthodes par rétropropagation : le gradient local (autrement appelé gradient stochastique)[Hagan 96] et le gradient global . La principale différence entre ces deux techniques est l'instant d'actualisation des poids qui se calcule à partir du gradient (eq. 4.6).

Dans le cas du gradient local l'actualisation des poids est faite après chaque nouvelle donnée, alors que, dans la méthode globale, les poids sont actualisés seulement après avoir passé toutes les données de la base d'apprentissage.

Le calcul du gradient est fait avec la méthode de [Levenberg 44, Marquardt 63].

Un autre paramètre à déterminer est la taille du réseau, autrement dit, le nombre de couches cachées. Comme choisi au paragraphe 4.1.1, le réseau de neurones a une seule couche, le nombre de connexions induites du réseau donne une limite supérieure pour le nombre de cellules cachées, nombre qui doit être au maximum égal au nombre de données de la base d'apprentissage.

Une règle pratique : *Pour un apprentissage efficace d'un réseau de neurones, le maximum de connexions doit être inférieur à cinq fois le nombre de données de la base d'apprentissage.*

Cette règle permet de se prémunir des problèmes de sur-apprentissage.

Le dernier paramètre de la structure choisie est la taille de la fenêtre de prédiction, c'est à dire le nombre d'instants pris en compte dans le vecteur d'entrée (BW comme 'backward window'). Comme pour le nombre de cellules dans la couche cachée, il est aussi intrinsèquement lié au nombre de connexions dans le réseau et subit les mêmes limites.

Finalement, le réseau de neurones dont les paramètres auront été optimisés devra permettre de prédire la verticalisation dans le plan sagittal.

4.3 Détermination des paramètres du réseau de neurones prédictif

Détermination de la méthode d'apprentisssage : Une évaluation systématique des deux méthodes d'apprentissage a été effectuée sur des apprentissages de verticalisations. Les méthodes utilisées étant heuristiques, une part de hasard est présent dans les données initiales. Pour s'abstraire de cela, on a comparé la performance des réseaux résultants des deux méthodes ainsi que la performance moyenne sur dix réseaux identiques (en terme de structure) mais pour des conditions initiales différentes. Les résultats de cette évaluation sont récapitulés dans le tableau suivant :

	Global	Stoch
Best	0,0024	0,0319
Moy	0,0697	0,1358

TABLE 4.1 – Moyenne des erreurs quadratiques des meilleurs réseaux (Best) et de tous les resultats (Moy) pour les méthodes d'apprentissage globale (Glob) et stochastiques (Stoch).

La méthode d'apprentissage basée sur le gradient global semble donner les meilleurs résultats.

Détermination du nombre de cellules cachées : La figure 4.4 montre que 8 ou 9 neurones cachés permettent d'obtenir de bons résultats pour les 2 méthodes d'apprentissage.

Toutefois, il est difficile de choisir le nombre de neurones cachés sans regarder en même temps le nombre de données précédentes, étant donné que ces deux paramètres participent au nombre total de connexions dans le réseau.

Pour 8 neurones cachés, les expérimentations menées pour différentes tailles de fenêtres (figure (4.5)) donnent comme valeur optimale une taille de 10

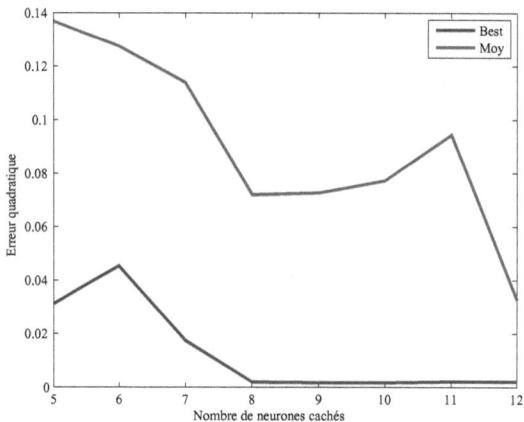

FIGURE 4.4 – Tracé de l'erreur quadratique moyenne des réseaux en fonction du nombre de cellules cachées.

données précédentes.

Une étude de l'autocorrélation des valeurs angulaires pour une verticalisation (figure (4.6)) explicite que pour une fenêtre de 10 données précédentes (c'est à dire 0.10s de délai), les données conservent plus de 75% du signal, et ce, pour toutes les composantes.

Les meilleures solutions sont sélectionnées par un front de Pareto (cf. chapitre 6). En pratique, ce front se décrit comme l'ensemble des individus optimaux, au sens des différents critères. Ainsi, les solutions candidates au front de Pareto avec deux critères, sont celles qui ne connaissent pas de solution au dessus d'elle, c'est à dire, qu'il n'existe pas de solution appartenant au quart plan haut droit des solutions optimales. Notons que cette définition d'optimalité désigne les solutions majorantes au sens des critères. Pour obtenir des solutions minorantes, les critères utilisés sont inversés, (cf. fig. 4.7) noté $(1/crit)$ pour le critère $(crit)$.

Les résultats obtenus sont illustrés figure (4.7).

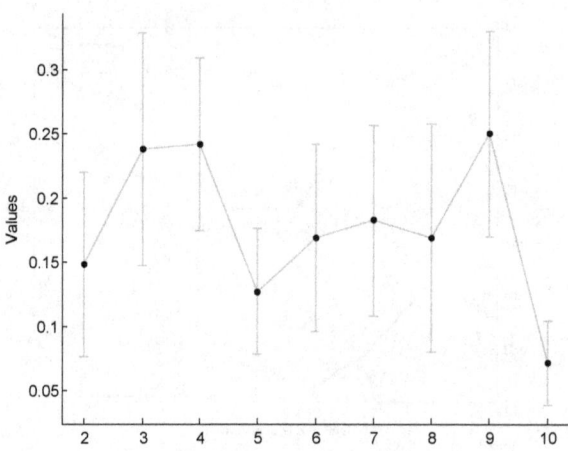

FIGURE 4.5 – Tracé de l'erreur quadratique moyenne des réseaux en fonction du nombre de données précédentes.

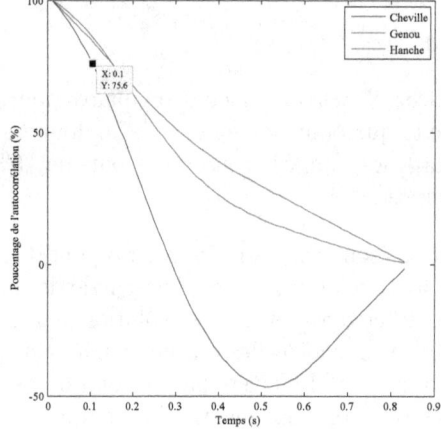

FIGURE 4.6 – Autocorrélation des données d'un mouvement de verticalisation sain.

70

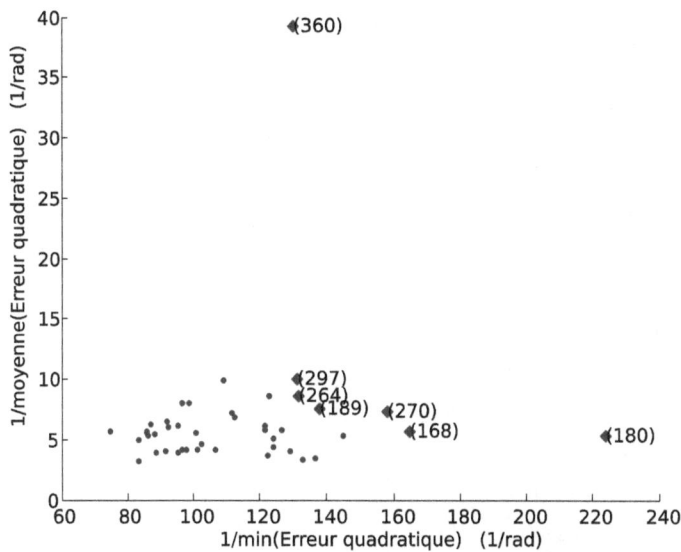

FIGURE 4.7 – Front de Pareto où sont affichés les nombres de connexions (nb).

De ce front de Pareto, on obtient une population de solutions triées en fonction du nombre de connexions. La configuration d'une structure se décrit par les paramètres : nombre de cellules cachées (nb_{cell_cach}) et nombre de données précédentes (BW).

La méthode de sélection d'une structure et sa meilleure configuration, par exemple avec les réseaux qui ont 180 connexions, se fait en traçant les représentations statistiques en fonction de nb_{cell_cach} (figure (4.8(a))) ainsi qu'en fonction de BW (figure (4.8(b))). De ces tracés, les paramètres choisis sont ceux qui donnent la meilleure performance. Ainsi, la meilleure structure, dans le cas de 180 connexions, est celle composée de 5 cellules cachées et d'une fenêtre de 10 valeurs précédentes.

De la même manière, les meilleurs paramètres des structures issues du front de Pareto sont déterminées et classées dans le tableau 4.2, où le calcul du

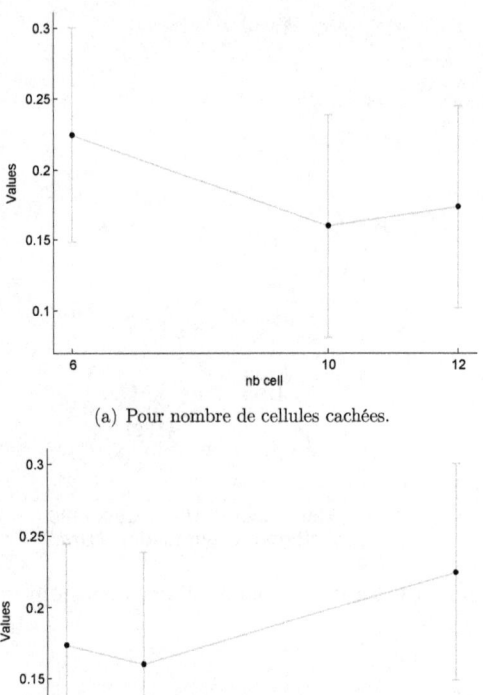

(a) Pour nombre de cellules cachées.

(b) Pour fenêtre de prédiction.

FIGURE 4.8 – Diagramme statistique des différentes solutions ayant 180 connexions. Chaque point représente un ensemble de dix solutions dont on note la performance (moyenne, min, max).

nombre de connexion (nb_{con}) se fait de la manière suivante [sans compter les neurones seuils] :

$$nb_{con} = (E * BW) * (nb_{cell\_cach}) + S * (nb_{cell\_cach}) \qquad (4.8)$$

nb_{con}	nb_{cell_cach}	BW	min(MSE)	mean(MSE)
180	10	5	0.0045	0.1860
168	8	6	0.0061	0.1760
270	9	9	0.0063	0.1370
189	7	8	0.0073	0.1326
264	8	10	0.0076	0.1162
297	9	10	0.0076	0.0998
360	12	9	0.0077	0.0255

TABLE 4.2 – Tableau récapitulatif des structures trouvées avec le front de Pareto.

avec :

- S le nombre de données en sortie ,
- E la taille du vecteur entrées,
- BW la taille de la fenêtre de données précédentes,
- nb_{cell_cach} le nombre de cellules cachées dans la seule couche du réseau.

4.4 Conclusion

L'utilisation des réseaux de neurones pour la prédiction du mouvement est une approche pertinente. Le réseau est une structure qui permet de définir un modèle du mouvement. De plus, il construit aussi un modèle interne du mouvement. Cette solution peut-être utilisée comme un observateur qui donne une information de l'état du système (valeurs angulaires) malgré une information réduite. Ce qui est dans le chapitre suivant.

Chapitre 5

Observateur du mouvement humain : pathologique ou sain

Dans ce chapitre, un observateur du mouvement humain est décrit. Ce mouvement peut-être indifféremment sain ou pathologique.

L'intérêt avoué de cet observateur est de permettre une utilisation de l'interface robotisée avec un minimum de capteurs renseignant sur le mouvement du patient.

Dans le cadre d'une utilisation normale de Dino, le robot doit-être utilisé pour la marche, l'utilisation d'un capteur de forces sous les pieds, comme cela est fait actuellement, est contraignante. Ce capteur fournit une mesure du Centre de Pression (CdP). Il est possible de reconstruire ce CdP à partir des trajectoires articulaires et d'un modèle mécanique.

L'observateur proposé permet d'observer le mouvement de verticalisation à partir d'une seule donnée angulaire mesurée, en utilisant la capacité des réseaux de neurones à accomplir leur tâches avec des données partielles ou dégradées. Pour obtenir des résultats avec des données dégradées, il faut supposer une invariance dans le mouvement pour que l'observation de ce dernier soit généralisée à de nouveaux mouvements de la personne. Cet observateur est clairement une application des hypothèses de synergies de Bernstein.

Une solution basée sur les réseaux de neurones est présentée (fig. (5.1)). Cette solution est un observateur non-linéaire dont l'utilisation se trouve autant dans la robotique de réadaptation fonctionnelle que dans des domaines cherchant à reconstruire un mouvement humain ou animal (pour peu que les hypothèses de synergie soient vérifiées). D'autant plus qu'elle présente aussi la particularité de fonctionner avec des mouvements pathologiques.

Dans le cadre de ce chapitre, la mesure est faite avec des goniomètres installés sur les articulations le long d'une jambe.

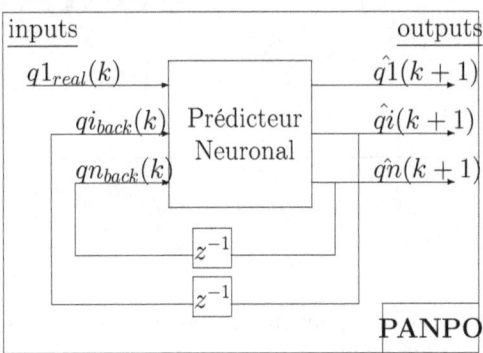

FIGURE 5.1 – Description du prédicteur avec réduction de données.

Ce chapitre présente, dans un premier temps, les hypothèse de synergies articulaires qui rendent réalisable ce travail. Dans un deuxième temps, une formalisation de l'organisation récursive des réseaux de neurones est présentée. Ce qui permet ensuite de décrire la solution proposée de manière formelle. Puis, le processus qui a permis de déterminer la meilleure solution est décrit.

Cet observateur basé sur des réseaux de neurones est ensuite appliqué à des mouvements de verticalisations pathologiques ou sains. Enfin, une étude des résultats et propriétés de cet observateur est faite.

5.1 Les synergies articulaires

Parmi les propriétés dites "invariantes" dans le mouvement humain, les synergies articulaires [Bernstein 67] sont particulièrement intéressantes dans ce travail. Elles supposent qu'il existe une coordination des variables articulaires spécifiques à chaque individu. Cependant, les lois régissant ces synergies ne sont pas établies (cf. chapitre 2). Une méthode heuristique, comme le réseau de neurones , est une bonne approche pour rechercher une solution exploitable. Trouver une solution non-polynomiale qui reconstruit le vecteur d'état est un argument supplémentaire pour l'utilisation des synergies articulaires.

Pour observer ces invariants cinématiques, on trace les diagrammes de coordinations articulaires (figure (5.2)). Alors qu'un mouvement sain se rapproche d'une ligne droite, les mouvements pathologiques présentent des "cassures" dans la courbure des coordinations genou-hanche (figure 5.2(c) à gauche) ou des bouclages dûes aux asynergies. Cette "cassure" est définie par un point de courbure forte. La courbure (C) est définie par l'équation suivante :

$$\frac{d\vec{T}}{ds} = C\vec{N} \qquad (5.1)$$

avec $\vec{T}$ le vecteur tangent à la courbe paramétrée par son abscisse curviligne s, $\vec{N}$ le vecteur normal à la courbe.

Dans ces tracés, la propriété d'invariance pour les différentes verticalisations est évidente, surtout chez le sujet sain (figure (5.2(a))). Il est à noter que ces courbes incluent des verticalisations à vitesse normale et à vitesse rapide. Cet invariant est spécifique à chacun mais ne dépend pas de la vitesse à laquelle est exécuté le mouvement. Ce qui est à priori le rôle définit par l'observateur.

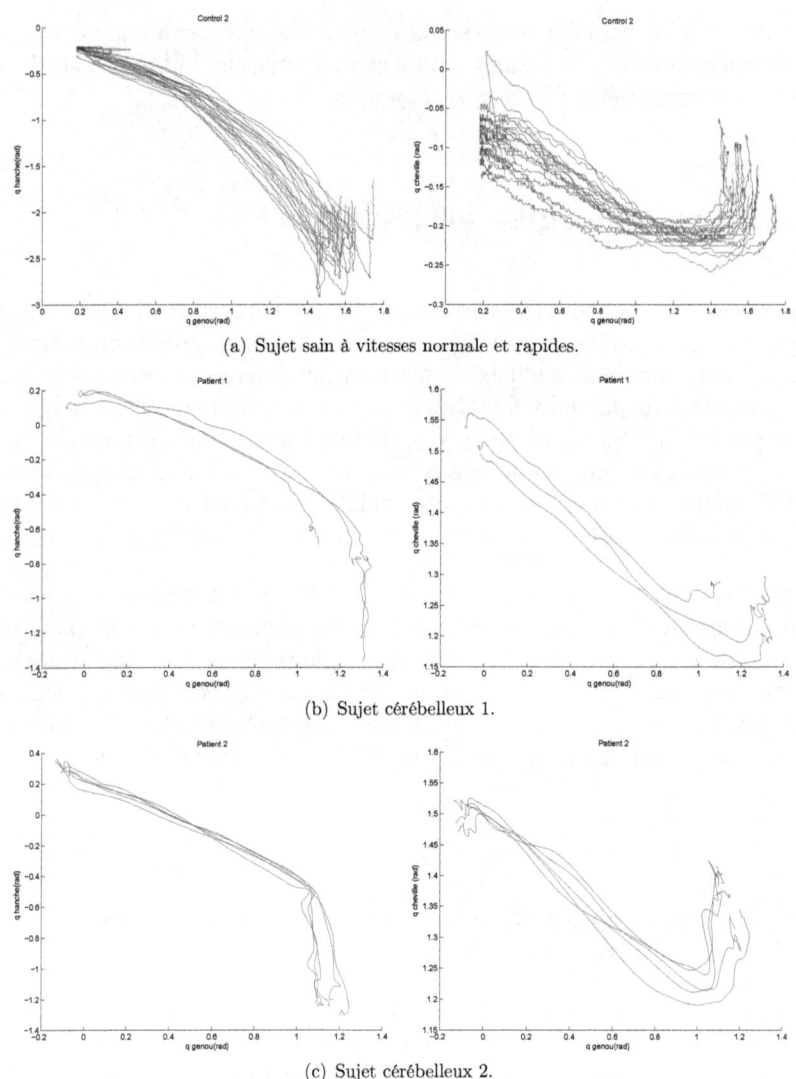

(a) Sujet sain à vitesses normale et rapides.

(b) Sujet cérébelleux 1.

(c) Sujet cérébelleux 2.

FIGURE 5.2 – Diagrammes des coordinations articulaires mesurés durant des verticalisations.

Ainsi un réseaux de neurones qui aurait appris ces invariants de coordinations articulaires sur une personne, est capable de reconstruire les trois données articulaires de sa trajectoire de verticalisation à partir d'une seule donnée.

Les synergies articulaires des membres inférieurs lors de la verticalisation n'ont pas donné lieu à des relations explicites.
Pour les mettre en évidence, l'analyse en composantes principales est utilisée de façon classique.

L'analyse en composantes principales est une méthode mathématique d'analyse des données qui consiste à rechercher les directions de l'espace qui représentent le mieux les corrélations entre n variables aléatoires. Ainsi, la combinaison possible d'effets de phénomènes à priori isolés sont visualisés.

Une analyse en composantes principales a été effectuée sur les angles articulaires lors de différentes verticalisations, les résultats sont regroupés dans le tableau suivant :

Les conclusions extraites de ce tableau sont :

- Les 2 premières composantes représentent en moyenne plus de 99% du mouvement
- La composante 1 est quasiment toujours supérieure à 90%
- La répartition de l'importance des composantes principales est propre à chaque sujet qu'elle que soit la vitesse hormis avec le début de marche
- La vitesse de la verticalisation n'affecte pas la coordination entre les différentes articulations lorsque le sujet se lève uniquement alors qu'une coordination (ou stratégie) différente est utilisée lorsque le sujet initie directement la marche après s'être levé.

La corrélation entre les angles articulaires et les composantes principales pour chaque sujet et chaque mesure est illustré figure (5.3).

Les angles du genou et de la hanche sont très fortement corrélés avec CP1, la première composante principale, ($\|r\| > 0.90$) alors que l'angle de la cheville n'est que moyennement corrélé ($0.50 < \|r\| < 0.80$) avec CP2, la deuxième composante principale. La corrélation entre l'angle de la cheville et la CP1

Composante Principale 1						
Condition Expérimentale	Sujet1	Sujet2	Sujet3	Sujet4	Sujet5	Moyenne
Verti. à vitesse normale	88.33	95.83	93.92	93.52	92.67	**92.85**
Verti. à vitesse rapide	87.25	95.72	91.99	93.04	91.19	**91.79**
Verti. et début marche	94.73		90.98	90.95	87.71	**91.26**
Total	**89.39**	**95.78**	**92.54**	**92.82**	**91.16**	**92.12**
Composante Principale 2						
Condition Expérimentale	Sujet1	Sujet2	Sujet3	Sujet4	Sujet5	Moyenne
Verti. à vitesse normale	11.29	3.85	4.74	6.10	7.24	**6.66**
Verti. à vitesse rapide	12.05	3.93	5.45	6.04	8.47	**7.27**
Verti. et début marche	5.00		8.39	8.80	12.19	**8.42**
Total	10.13	**3.89**	**5.74**	**6.59**	**8.63**	**7.22**
Composante Principale 3						
Condition Expérimentale	Sujet1	Sujet2	Sujet3	Sujet4	Sujet5	Moyenne
Verti. à vitesse normale	0.38	0.32	1.33	0.38	0.09	**0.49**
Verti. à vitesse rapide	0.71	0.35	2.56	0.93	0.34	**0.94**
Verti. et début marche	0.27		0.63	0.25	0.10	**0.31**
Total	**0.48**	**0.34**	**1.72**	**0.59**	**0.22**	**0.66**

TABLE 5.1 – Pourcentages de chacune des Composantes Principales

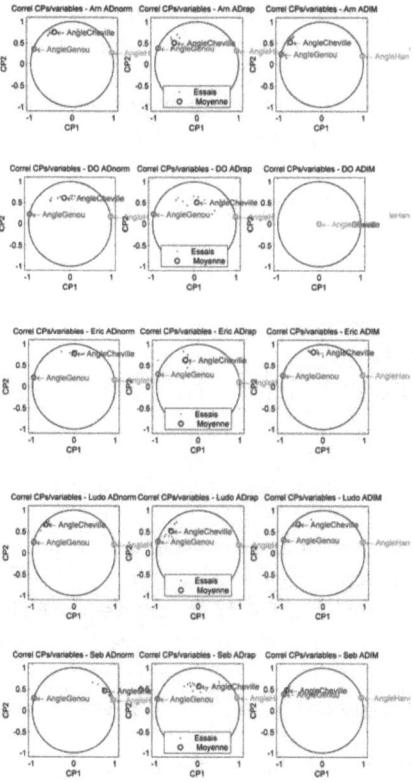

FIGURE 5.3 – Projections des mesures sur l'espace des 2 premières compo-santes principales

est très variable. Les corrélations des angles du genou et de la hanche avec la CP1 sont opposées (exprimant simplement que les angles de la hanche et du genou varient de façon opposée).

Pour tous les sujets, seules les corrélations de l'angle de la cheville avec les différentes CP sont très dispersées autour de la moyenne alors que pour les angles du genou et de la hanche on ne note qu'une très faible dispersion.

Si l'analyse en composantes principales montrent que **deux** CP permettent de décrire l'évolution des angles articulaires au cours du temps avec une précision de 99%, les réseaux de neurones récursifs permettent de décrire ce mouvement avec la même précision et en prenant **une** donnée articulaire comme entrée.

5.2 Réseaux de neurones récursifs

Cette structure est issue du raisonnement suivant :

```
 Soit un réseau de neurones non-récursif qui permet une prédiction
parfaite du mouvement
alors si on prend en entrée les données prédites,
le réseau de neurone non-récursif prédit à nouveau les données
suivantes
et ainsi de suite jusqu'à générer la trajectoire souhaitée.
```

Cela explique l'utilisation de la récursivité globale d'un réseau de neurones pour engendrer une trajectoire.

Supposons que la prédiction soit biaisée alors, comme tout système en boucle ouverte, ce biais tend à faire diverger le système. C'est pourquoi, il faut relever des informations du mouvement réel pour s'assurer d'un bon suivi de la trajectoire. Dans notre cas, les informations seront celles mesurées sur une donnée articulaire, les autres étant reconstruites par le réseau de neurones grâce aux synergies apprises.

Il existe plusieurs formalisations de réseaux de neurones récursifs dont la plus générale est celle faite par Ah et Back[Ah, C.T. 97] qui, en plus du formalisme, définissent un lexique de propriétés pour décrire tous les types de réseaux de neurones récursifs. De ce lexique, est extraite une récurrence "locale" décrite par la fenêtre des entrées précédente (BW) (figure (4.3)) sur les entrées, tandis que la réduction de données décrit une récurrence partielle Entrée/Sortie.

Réseau de neurones : Le formalisme décrit un réseau de neurones comme suit :

$$y = F_p(C\mathbf{z} + \tau_y),$$
$$\mathbf{z} = P_n(B\mathbf{q} + \tau_z). \qquad (5.2)$$

où

- $\mathbf{q}$ est un vecteur d'entrées de dimension $(m\mathrm{x}1)$,
- y un vecteur de sorties de dimension $(p\mathrm{x}1)$,
- $\mathbf{z}$ représente un vecteur $(n\mathrm{x}1)$ de sorties de la couche cachée
- Les matrices B et C sont, respectivement, de taille $(n\mathrm{x}m)$ et $(p\mathrm{x}n)$
- les vecteurs τ_y, $(n\mathrm{x}1)$, et τ_z,$(p\mathrm{x}1)$, sont respectivement, les valeurs de biais associées aux neurones de sortie et aux neurones de la couche cachée,
- $Fp = [f(.), f(.)..., f(.)]^T$, (px1) et $Pn = [f(.), f(.)..., f(.)]^T$, (px1), sont deux vecteurs de fonctions d'activation qui, dans notre cas, sont toutes des tangentes hyperboliques.

Récurrence "locale" : Dans le réseau de neurones défini au chapitre 4, les entrées décrivent une récurrence "locale". Ainsi la solution du chapitre précédent est décrite par l'équation (5.3). Rappelons que (BW) est un scalaire qui définit la taille de la fenêtre glissante de prédiction utilisées par le réseau de neurones .

$$\mathbf{q}^*(\mathbf{k}{+}1) = F_p(C\mathbf{z} + \tau_y),$$

$$\mathbf{z} = P_n(B\mathbf{v}_{BW}(k) + \tau_z)$$
$$\mathbf{v}_{BW}(k) = [\mathbf{q}^T(k)...\mathbf{q}^T(k-i)...\mathbf{q}^T(k-BW)]^T. \qquad (5.3)$$

Récurrence partielle : Un réseau de neurones avec une récurrence partielle est décrit par le système d'équations (5.4). Deux vecteurs d'entrée sont définis : $q_{real}(k)$ représente les données réellement entrées dans le réseaux et $q_{back}(k)$ représente les données issues du bouclage global.

$$\left.\begin{aligned}
\mathbf{q*(k+1)} &= F_p(C\mathbf{z} + \tau_y), \\
\mathbf{z} &= P_n(B\mathbf{v}_{BW}(k) + \tau_z) \\
\mathbf{v}_{BW}(k) &= [\mathbf{u}_{PA}^T(k)...\mathbf{u}_{PA}^T(k-i)...\mathbf{u}_{PA}^T(k-BW)]^T \\
\mathbf{u}_{PA}(k) &= [q_{real}^T(k); q_{back}^T(k)]^T. \\
q_{real}(k) &= [q_1(k)...q_{m-PA}(k)]^T \\
q_{back}(k) &= [q_{m-PA+1}^*(k)...q_m^*(k)]^T
\end{aligned}\right\} \qquad (5.4)$$

avec
et

Ce système d'équations décrit l'observateur du mouvement proposé. Où q_{real} est une donnée angulaire mesurée et q_{back} les deux autres données qui décrivent le mouvement, on retrouve bien la structure de la figure (5.1).

5.3 Réduction et réseaux de neurones

Compte tenu du bouclage un apprentissage par rétropropagation classique est impossible.

Pourtant, l'utilisation de cet apprentissage est particulièrement adapté au problème. C'est pourquoi la construction de cette structure est faite en deux points

- La phase d'apprentissage de la phase d'utilisation du réseau. Cette approche consiste à considérer que l'information complète (les trois données angulaires) est connue durant l'apprentissage.
- Le bouclage fournit alors une solution à la perte de données réelles. En effet, l'idée est qu'une prédiction même légèrement biaisée apporte

des informations supplémentaires pouvant aider le réseau de neurones à prédire le mouvement. Ainsi on reforme une structure dont l'apprentissage a été faite dans une phase initiale où toutes les informations étaient connues.

Ainsi, cette solution est obtenue à partir du meilleur prédicteur neuronal obtenu dans le chapitre 4 et en lui ajoutant une boucle partielle récursive (eq. 5.4), bouclage entre un certain nombre de sorties et les entrées.

On suit donc la procédure suivante :

1. Apprentissage : méthode du chapitre précédent avec les trois données en entrée du réseau de neurones .

2. Utilisation : avec une donnée en entrée du réseau de neurones

5.4 Application à l'observateur d'état prédictif

5.4.1 Description

Dans cette partie application, les données angulaires de la hanche(q_{Hip}) sont utilisées comme données d'entrée. A priori, on souhaite utiliser une seule donnée sur trois (hanche, genou ou cheville). Dans un premier temps, les mesures issues du capteur placé sur la hanche sont utilisées comme données d'entrée parce qu'elles présentent l'avantage d'une grande dynamique, c'est à dire d'une grande variation angulaire. Cette grande dynamique permet d'augmenter le rapport signal sur bruit. Les vecteurs de l'équation (5.4) s'écrivent maintenant :

$$
\begin{aligned}
q_{real} &= q_{Hip}, \\
q_{back} &= [q_{Knee}\ q_{Ankle}]^T
\end{aligned}
\tag{5.5}
$$

5.4.2 Méthodologie

La méthode est décrite de la façon suivante :

1. enregistrer complètement plusieurs mouvements d'une personne saine ou atteinte du syndrome cérébelleux,

2. faire apprendre à un prédicteur neuronal (chap.4) les mouvements,

3. créer l'observateur en appliquant le bouclage partiel à ce prédicteur.

On réalise ainsi un observateur d'état en prenant en compte un nombre minimal d'entrées, afin de reconstruire le mouvement.

5.5 Résultats

Cet observateur est capable de reconstruire les coordinations articulaires pour 24 mouvements enregistrées sur 2 personnes saines (figure (5.4(a))) et pour 8 mouvements enregistrés sur 2 personnes atteintes du syndrome cérébelleux (figure (5.4(b))).

Pour le tracé du mouvement sain (figure (5.4(a))), la trajectoire mesurée est en trait plein et la trajectoire reconstruite par l'observateur en pointillés. On notera que ces tracés sont similaires en terme de direction surtout pour la coordination entre le genou et la hanche . Cependant, un biais persiste, ou plutôt, une translation dans cette coordination, elle est dûe à l'initialisation du réseau de neurones pour les entrées bouclées. En effet, le choix a été de prendre la première valeur moyenne de la base d'apprentissage. Or la trajectoire choisie (q) est décalée par rapport à la trajectoire moyenne. Ce qui impose une trajectoire modèle qui se rapproche de la trajectoire moyenne et qui présente cette même translation.

On notera que l'amplitude du mouvement de la cheville est tellement faible que l'on voit apparaitre le bruit des goniomètres. Dans l'exemple du mouvement d'un patient (figure (5.4(b))), on peut tout d'abord noter que les courbes sont complètement différentes de celles d'une personne saine. De plus

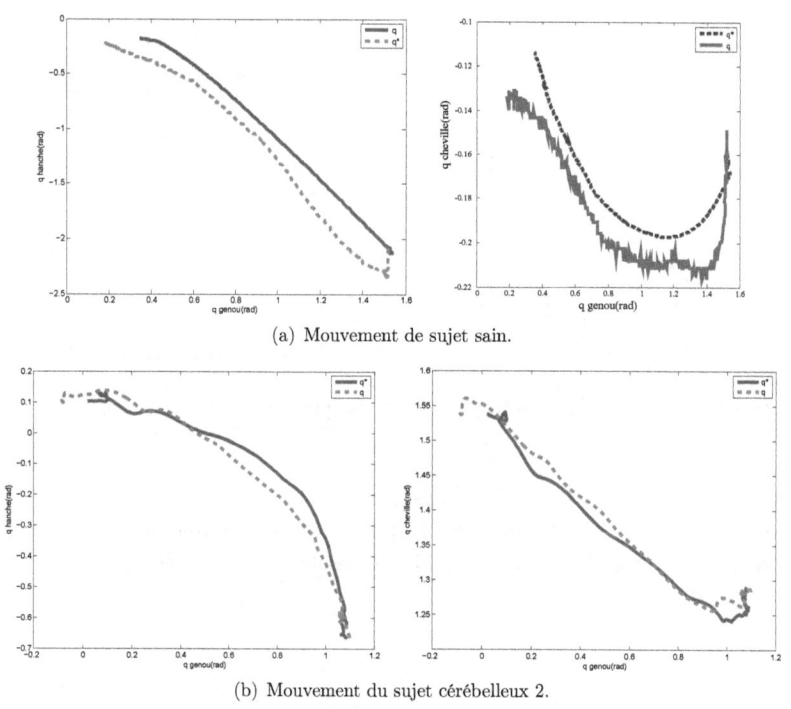

(a) Mouvement de sujet sain.

(b) Mouvement du sujet cérébelleux 2.

FIGURE 5.4 – Trajectoires comparées des coordinations articulaires mesurées(q) et reconstruites par l'observateur (q*).

elles présentent des bouclages particuliers à la pathologie neuro-orthopédique. L'approche réseaux de neurones permet d'apprendre ces bouclages.

Les tracés au cours du temps des courbes précédentes donnent les figures (5.5(a) et 5.5(b)).

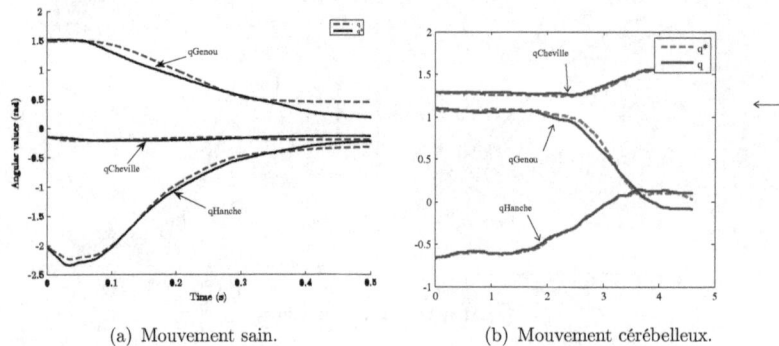

(a) Mouvement sain. (b) Mouvement cérébelleux.

FIGURE 5.5 – Trajectoires générées par l'observateur neuronal.

Ces figures montrent qu'une réduction des 2/3 du nombre des données d'entrées (1 entrée réelle au lieu de 3) pénalise assez faiblement les résultats obtenus, comme on peut le constater dans le tableau suivant qui donne la précision du système.

units	Prédicteur rad(%)	Observateur rad(%)
Control	0.0037 (0.159)	0,0090 (0.387)
Patient 1	0.0004 (0.017)	0.0054 (0.232)
Patient 2	0.0034 (0.146)	0.0048 (0.206)

TABLE 5.2 – Erreur quadratique de l'observateur comparée au prédicteur de référence.

On retrouvera dans le chapitre 6.1.4.2 des résultats qui confirment ces travaux notamment dans le cas de patients atteints du syndrome cérébelleux (figure 5.5(b)) en utilisation d'un robot.

5.6 Conclusion

Ce chapitre décrit un observateur du mouvement humain. La méthode est basée sur des réseaux de neurones. S'appuyant sur l'existence d'invariants cinématiques dans le mouvement, cette méthode permet de faire une prédiction du mouvement avec un nombre réduit de paramètres en entrée, et ce y compris pour des mouvements affectés par un syndrome cérébelleux. Ce travail est, à notre connaissance, original.

Souvent dans la littérature, les auteurs cherchent à mettre en équation ces invariants avec comme motivation : mieux comprendre le fonctionnement de la commande motrice. Ce travail se place en considérant cet invariant comme un acquis et il est utilisé pour améliorer la commande des robots de rééducation.

Chapitre 6

Résultats et application de Dino avec des personnes cérébelleuses

Dans ce chapitre, les différents outils théoriques sont appliqués pour une interaction entre une interface robotisée et un patient atteint d'un syndrome cérébelleux lors de la verticalisation. Des données de personnes saines ont aussi été enregistrées. Pour la comparaison et l'étude, la question s'est posée des méthodes d'évaluation des résultats.

Ce chapitre présente deux parties. La première décrit la mise en œuvre de l'observateur neuronal prédictif sur l'interface robotisée. Reprenant le processus décrit dans le chapitre 5, les outils d'analyse sont présentés pour la détermination optimale du réseau de neurones.

Dans la deuxième partie, une validation clinique à l'hôpital Bellan de Paris, est détaillée. Cette validation est faite avec des patients atteints d'un syndrome cérébelleux.

6.1 Construction d'observateur prédictif neuronal

Tel qu'il a été décrit dans les chapitres précédents, la construction d'un observateur prédictif neuronal s'appuie sur le processus suivant :

1. **Enregistrer les données** : pour cela différents capteurs en fonction des conditions sont utilisés : des goniomètres sur des personnes saines (section 6.1.1), un système de capture du mouvement (6.1.1) sur des personnes atteintes d'un trouble pathologique et lors du mouvement libre (sans assistance) enfin des goniomètres lorsqu'un robot de réadaptation fonctionnelle (DINO) est utilisé (section 6.2.1).

2. **Générer un ensemble solution de prédicteurs neuronaux** décrits dans le chapitre 4 : cet ensemble est un parcours des dimensions de la "fenêtre des données précédentes" (BW) et du "nombre de cellules cachées" (nb_{cell_cach}).

3. **Sélectionner les meilleures solutions de prédicteurs**, en utilisant le front de Pareto (section 6.1.3).

4. **Créer des observateurs** à partir des prédicteurs sélectionnés, comme décrit dans le chapitre 5, un observateur par personne.

5. **Appliquer les observateurs** à des mouvements.

Cette partie expose les différentes étapes qui ont permis de mettre en œuvre un observateur prédictif neuronal.

6.1.1 Enregistrer des mesures articulaires sur des patients atteints du syndrome cérébelleux

Capture du mouvement L'hôpital Raymond Poincaré de Garches héberge le Laboratoire de l'Analyse du Mouvement dirigé par le Professeur Bussel qui nous a chaleureusement proposé d'utiliser leurs équipements pour la mesure du mouvement. Ce laboratoire possède un plateau technique qui permet de mesurer autant la marche que le mouvement de verticalisation. De plus, sa situation dans un hôpital permet d'accueillir des malades dans d'excellentes conditions de sécurité et de confort.

Dans le cadre de ces expériences, les mouvements de 3 patients ont été enregistrés. Ces mouvements étaient obtenus grâce à un système de capture de mouvement "Motion Analysis"[Comp. 07], un capteur de forces sous les pieds et sous la chaise.

Le capteur de mouvement est basé sur des marqueurs réfléchissants placés sur les pieds, les genoux, les hanches et les épaules (figure (6.1)),de manière à pouvoir reconstruire les mouvements des segments corporels (figure (6.3)). L'ensemble de ces données visuelles obtenues subit un filtrage de Butterworth [Parks 87] à 5Hz puis un ré-échantillonnage à 1000Hz par interpolation polynomiale pour les synchroniser avec les données des capteurs de forces. Le choix de 5Hz est justifié par la fonction de transfert d'un mouvement humain qui ne dépasse pas les 5Hz. En parallèle, la mesure du sol est effectuée par un système AMTI [AMTI 07] de capture des forces 6 axes (3 forces et 3 moments).

Le patient instrumenté, assis sur une chaise , elle même posée sur un capteur de forces, avec les bras croisés, a pour instruction de se lever. Ses pieds sont nus et positionnés sur un autre capteur de forces. La chaise est réglée afin que la posture assise fasse un angle droit au niveau du genou. Les mesures prises sont :

- Forces et moments d'interactions sol/pieds,

---

1. Laboratoire de l'Analyse du Mouvement, Netter, Hôpital Raymond Poincaré, Garches, 92380

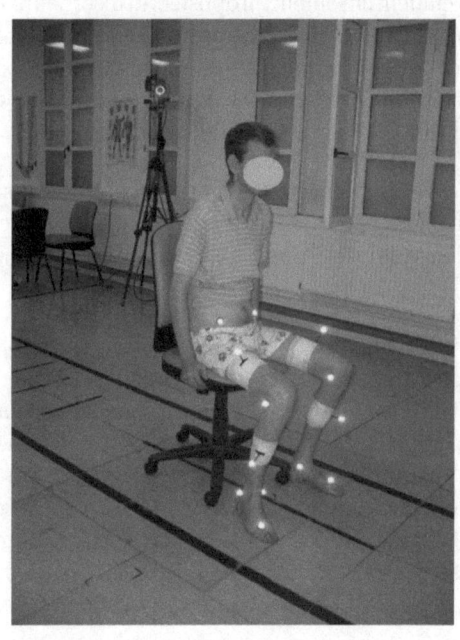

FIGURE 6.1 – Un patient utilisant le système "Motion Analysis" de Garche :
Marqueurs optiques, capteurs de Forces noyé dans le plancher sous les pieds.

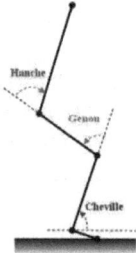

FIGURE 6.2 – Schéma cinématique pour la reconstruction.

- Forces et moments d'interaction sol/chaise,

- Position des marqueurs positionnés le long des jambes.

Dans le cadre de ce manuscrit, seuls les enregistrements de positions sont utilisés.

Les marqueurs posés sur les différentes parties du corps permettent de déterminer les paramètres articulaires par une inversion du modèle géométrique. Si on pose Pi la position des marqueurs, on peut écrire le modèle géométrique inverse(MGI) comme une fonction qui prend ces coordonnées en entrées et renvoie les données articulaires utiles pour commander le modèle géométrique direct(MGD).

$$[q] = MGI([Pi]) \qquad (6.1)$$

A partir de ces données géométriques reconstruites et de l'hypothèse faite que le mouvement s'effectue dans le plan sagittal, le modèle utilisé est celui d'un 3R-plan comme présenté dans la figure (6.2).

A chaque pas de temps, la reconstruction des données articulaires commence en récupérant les positions des points caractéristiques suivants :

$$
\begin{aligned}
A_1 &: Hanche\ Droite(X,Y,Z) \\
A_2 &: Genou\ Droit(X,Y,Z) \\
A_3 &: Cheville\ Droite(X,Y,Z) \\
A_4 &: Talon\ Droit(XYZ) \\
A_5 &: Orteil\ Droit(X,Y,Z) \\
A_6 &: Hanche\ Gauche(X,Y,Z) \\
A_7 &: Genou\ Gauche(X,Y,Z) \\
A_8 &: Cheville\ Gauche(X,Y,Z) \\
A_9 &: Talon\ Gauche(X,Y,Z) \\
A_{10} &: Orteil\ Gauche(X,Y,Z) \\
A_{11} &: Sacrum\ (X,Y,Z)
\end{aligned}
\tag{6.2}
$$

aussi présentés dans la figure (6.3).

A partir de ces points, on calcule la base orthonormée directe de référence $\vec{X_0}, \vec{Y_0}, \vec{Z_0}$.

$$
\begin{aligned}
\vec{X_0} &= \tfrac{1}{2}\left(\frac{\vec{A_4A_5}}{\|A_4A_5\|} + \frac{\vec{A_9A_{10}}}{\|A_9A_{10}\|}\right) \\
\vec{Y_0} &= \tfrac{1}{3}\left(\frac{\vec{A_5A_{10}}}{\|A_5A_{10}\|} + \frac{\vec{A_4A_9}}{\|A_4A_9\|} + \frac{\vec{A_3A_9}}{\|A_3A_9\|}\right) \\
\vec{Z_0} &= \vec{X_0} \wedge \vec{Y_0}
\end{aligned}
\tag{6.3}
$$

De même, les vecteurs décrivant les directions des segments corporels sont calculés. Le calcul suivant utilise l'hypothèse de symétrie par rapport au plan sagittal et définit le vecteur moyen entre les parties gauches et droites du plan sagittal :

$$
\vec{Tibia} = \tfrac{1}{2}\left(\frac{\vec{A_3A_2}}{\|A_3A_2\|} + \frac{\vec{A_8A_7}}{\|A_8A_7\|}\right)
$$

$$
\vec{Cuisse} = \tfrac{1}{2}\left(\frac{\vec{A_2A_1}}{\|A_2A_1\|} + \frac{\vec{A_7A_6}}{\|A_7A_6\|}\right)
\tag{6.4}
$$

$$
\vec{Tronc} = \frac{\vec{A_{11}A_1}}{\|A_{11}A_1\|} \wedge \frac{\vec{A_{11}A_6}}{\|A_{11}A_6\|})
$$

Les valeurs angulaires sont calculées en les supposant comprises dans l'inter-

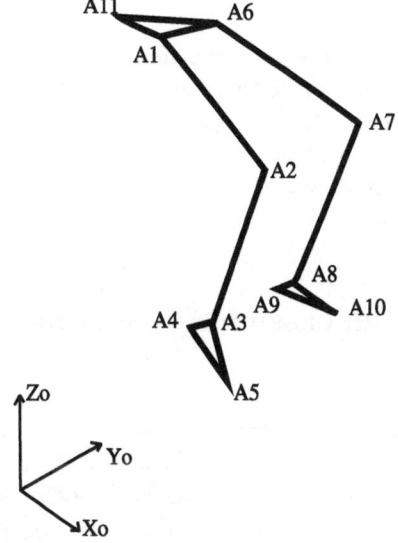

FIGURE 6.3 – Positionnement des points caractéristiques avec le système de capture de mouvement de Garches.

valle $[0, \pi]$, ce qui donne donc :

$$q_{Ank} = cos^{-1}(\vec{Tibia} \bullet \vec{X_0})$$
$$q_{Knee} = cos^{-1}(\vec{Cuisse} \bullet \vec{X_0}) - q_{Ank} \qquad (6.5)$$
$$q_{Hip} = cos^{-1}(\vec{Tronc} \bullet \vec{X_0}) - q_{Knee} - q_{Ank}$$

Les valeurs angulaires sont obtenues à chaque pas de temps pour la cheville (q_{Ank}), le genou (q_{Knee}) et la hanche (q_{Hip}).

Mesure dans le plan sagittal avec des goniomètres L'utilisation de goniomètres, dans le cas des verticalisations sur des sujets sains et des patients assistés par le robot, évite d'utiliser la reconstruction par modèle géométrique des angles, présentée dans la section précédente. Pour garder une bonne précision dans la mesure, il faut placer avec attention les goniomètres afin de mesurer les rotations dans le plan de mesure des goniomètres.

6.1.2 Générer un ensemble de solutions

La structure du réseau de neurone est définie comme un perceptron à une couche. Les paramètres qui le définissent sont la taille de la fenêtre des données précédente (BW) et la taille de la couche cachée, c'est à dire le nombre de cellules cachées (nb_{cell_cach}). Pour s'affranchir de l'aléa lié à l'initialisation d'une structure, pour chaque couple (BW, nb_{cell_cach}) une dizaine de structures sont calculées. Ces deux paramètres participent à un critère limitant qui est le nombre de connexions dans la structure (eq. 6.10).

Il a été choisi de parcourir les structures avec un ($BW \in [2\ 10]$) et ($nb_{cell\_cach} \in [5\ 12]$) ce qui donne un nombre de connections maximum inférieur à $\overline{400}$.

Un individu I de la population générée est représenté par sa coordonnée :

$$I = [bw, ncc, ind] \qquad (6.6)$$

avec $bw \in [2\ 10]$, $ncc \in [5\ 12]$ et $ind \in [1\ 10]$. Ainsi lors d'une évaluation d'une condition, pour chaque sujet, une population de 830 (830 =

$dim([2\ 10]).dim([5\ 12]).dim([1\ 10]) = 9x8x10)$ réseaux de neurones est évaluée.

6.1.3 Sélectionner les meilleures solutions de prédicteurs

Cette sélection est faite au moyen d'une méthode de selection multi-critères comme le front de Pareto.

Une méthode de sélection optimale est le front de Pareto [Deb 00]. L'un des principaux intérêts de cette méthode de sélection est de s'affranchir des considérations de grandeur entre les différents critères. En effet, cette méthode de sélection peut se résumer à une intersection de classements. Dans le cadre de ce chapitre, les individus du front de Pareto sont considérés comme les meilleurs représentants de la population des réseaux de neurones évalués.

La condition pour qu'un individu appartienne au front de Pareto est la suivante :
Soit $I \in$ **Population** et $\forall$ **J** $\in$ **Population-{I}**,
Si $\exists$ **k** $\in [1\ n]$ **tel que**
$Crit_k(J) - Crit_k(I) < 0$
alors $I \in$ **Front de Pareto**

avec I et J des individus de la population (*Population*) de solutions candidates. On note $Crit_k(I)$ la valeur du k^{eme} critère sur les n critères utilisés de l'individu I. *Front de Pareto* représente l'ensemble des individus appartenant au front de Pareto.

En 2 dimensions, l'explication est immédiate, le front représente tous les individus qui n'ont pas de solution au dessus d'eux, c'est à dire dans le quart plan haut-droit par rapport à eux ; il peut aussi se décrire comme l'ensemble des premiers individus visibles lorsque l'on regarde la population depuis plus l'infini (figure (6.4)).

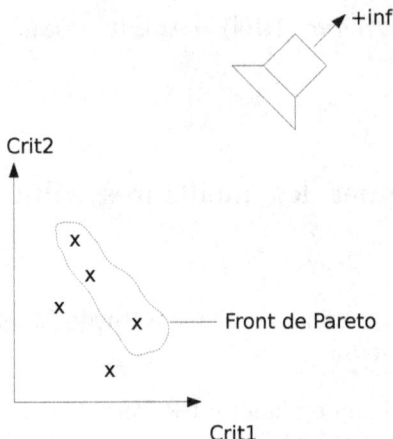

FIGURE 6.4 – Schéma explicatif du front de Pareto.

Les différents paramètres évalués pour trouver le meilleur réseau de neurones nécessitent la génération d'une grande population de réseaux de neurones. Il devient vite fastidieux de trouver les meilleurs résultats pour plusieurs critères. La méthode du front de Pareto permet de systématiser cette recherche de meilleur ensemble de solutions.

Les critères qui sont évalués par ce front sont maintenant décrits.

Synergies articulaires : Bernstein [Bernstein 67] a défini les synergies comme une coordination du mouvement articulaire, ou musculaire, spécifique à chaque individu et invariantes pour un mouvement.

Une représentation des synergies consiste à tracer les trajectoires des articulations deux à deux [Giese 07]. La courbe obtenue est : indépendante du temps, spécifique à chaque individu et représentative de la synergie. La distance entre la courbe obtenue à partir des mesures des angles articulaires (C_1) et celle obtenue à partir des angles articulaires calculés (C_2), est prise comme critère d'évaluation du réseau de neurones. Cette distance est définie comme la somme des distances minimales entre chaque point d'une courbe et les points de l'autre courbe et représente l'erreur statique que l'on cherche à minimiser.

$$crit_{courbe} = \sum_{i=1}^{m}(min_{j=1..n}(\|C_1(i)\vec{C_2}(j)\|)) \tag{6.7}$$

Le suivi de trajectoire :   Une mesure de la somme des erreurs au sens quadratique permettra d'avoir une bonne idée de la précision de notre modèle. Rappelons l'équation de ce critère :

$$crit_{traj} = \frac{1}{N}\sum_{k=1..N}(\|C_1(k)\vec{C_2}(k)\|) \tag{6.8}$$

Dimension du réseau de neurones :   Comme décrit dans le chapitre 4, le nombre de connexions est un élément critique pour définir un réseau de neurones et son apprentissage de manière adaptée. Dans le cadre des structures proposées "Prédicteur neuronal" (chapitre 4) et "Observateur Predictif Neuronal" (chapitre 5). Le calcul du nombre de connexions est similaire. En effet, le nombre de connexions est le nombre de connexions interne au réseau. Étant donnée la procédure, les récurrences globales et locales ne modifient pas la structure du réseaux (réseau à une couche cachée). En précisant que le vecteur d'entrée est q et que le vecteur de sortie est $hatq$ ce nombre se calcule comme suit :

$$nb_{connexions} = Dim(q) * BW * (NombreCellulesCachees + Dim(\hat{q}))(6.9)$$
[sans compter les neurones seuils]

avec $\hat{q}$ qui désigne le vecteur de sortie, q le vecteur d'entrée et BW la taille de la fenêtre des données précédentes.

Une fois ce paramètre général fixé, les paramètres définissant la structure du réseau qui sont BW et nb_{cell_cach}, sont à considérer.

6.1.4 Créer un observateur

Rappelons que la création de l'observateur se fait en deux phases :

1. Apprentissage : il se fait avec trois données en entrée du réseau de neurones et engendre un Prédicteur neuronal (chapitre 4).

2. Utilisation : le prédicteur est transformé en Observateur neuronal comme décrit dans le chapitre 5.

6.1.4.1 Prédicteur neuronal

Cette section présente une évaluation des performances du prédicteur présenté dans le chapitre 4.

Évaluer les résultats des différentes solutions en fonction du critère de l'erreur quadratique revient à regarder la capacité de suivi des solutions par rapport aux trajectoires articulaires mesurées.

Dans un premier temps, la figure 6.5 montre comment, au niveau des trajectoires articulaires, un prédicteur neuronal ($q*$) est pertinent pour prédire un mouvement sain d'une personne (q).

Cependant, les solutions obtenues avec un prédicteur linéaire sont meilleures que celles obtenues avec un prédicteur neuronal (cf. tableau 6.1)

unités	Prédicteur Linéaire rad (%)	Prédicteur Neuronal rad (%)
Normal(cond1)	0.0001 (0.0041)	0.0037 (0.159)
Rapide(cond2)	0.0001 (0.0041)	0.0030 (0.128)

TABLE 6.1 – Comparaison du prédicteur linéaire avec le prédicteur neuronal en terme d'erreur quadratique pour des verticalisations rapides(cond2) et normales(cond1).

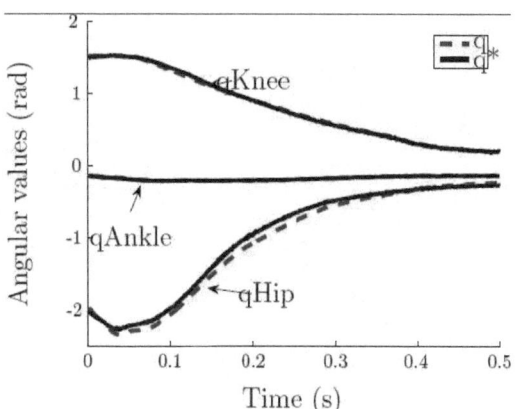

FIGURE 6.5 – Trajectoire articulaire mesurée et trajectoire articulaire déterminé par un prédicteur neuronal sur un mouvement sain à vitesse normale.

De plus, cette prédiction est générale car ces solutions sont capables de garder leurs pertinences lorsque l'on change la vitesse de verticalisation, ceci est présenté dans le tableau 6.2. Cette capacité de **généralisation** est aussi représentée par la figure 6.6.

unités	Prédicteur Linéaire rad (%)	Prédicteur Neuronal rad (%)
Rapide à normal	0.0001 (0.0041)	0.0024 (0.099)
Normal à rapide	0.0001 (0.0041)	0.0021 (0.0859)

TABLE 6.2 – Comparaison du prédicteur linéaire avec le prédicteur neuronal en terme d'erreur quadratique pour des verticalisations apprises sur des données de la cond2 avec des données de la cond1(ligne 1) et vice versa(ligne 2).

Mais, le prédicteur linéaire n'a pas contrairement au prédicteur neuronal, capacité à être spécifique à chaque sujet (tableau 6.3).

Cette spécialisation peut être utilisée dans des tâches de classification de la

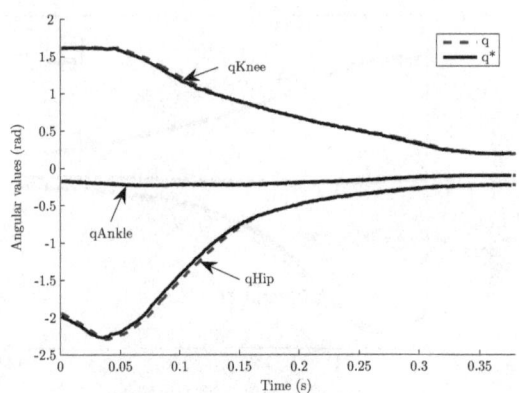

FIGURE 6.6 – Trajectoire articulaire réelles(q) et du prédicteur neuronal (q*) sur un mouvement sain à vitesse normale(cond1) alors que le prédicteur a appris le mouvement rapide(cond2).

Num	ref	1	2	3	4
Prédicteur neuronal	0.0037	0.0383	0.0299	0.0282	0.0177
Prédicteur Linéaire	0.0001	0.0001	0.0001	0.0001	0.0001

TABLE 6.3 – Erreur quadratique des prédicteurs sur 4 verticalisations d'une autre personne que celle utilisée pour l'apprentissage.

pathologie neuro-orthopédique. En effet, une bonne spécialisation donne la possibilité de discriminer les sujets. Comme on peut le lire dans le tableau 6.3, la méthode neuronale obtient des erreurs 10 fois plus grandes sur des données différentes de les données de la personne (ref) avec lesquel le réseau a appris. Le prédicteur neuronal est donc plus adapté à représenter le mouvement spécifique à une personne.

De plus, la solution de prédicteur neuronal obtient des résultats pertinents sur des mouvements pathologiques comme on peut le voir sur la figure 6.7 et 6.8.

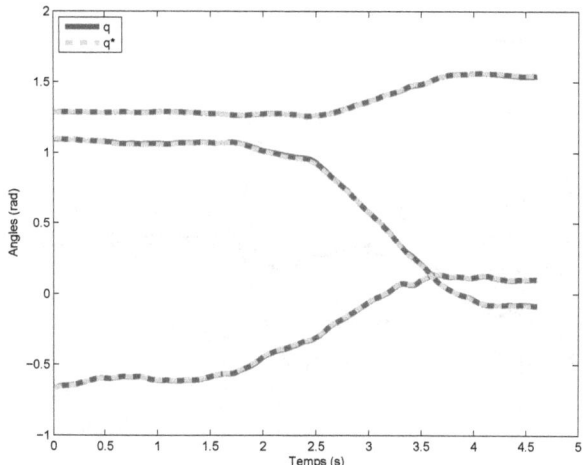

FIGURE 6.7 – Trajectoires articulaires réelles (q) et sorties du prédicteur neuronal(q*) pour le patient A.

6.1.4.2 Observateur neuronal

Le but de cette section est d'évaluer les résultats de l'observateur prédictif neuronal présenté dans le chapitre 5.

Pour l'observateur prédictif neuronal, sa construction basée sur le prédicteur lui confère les propriétés de spécialisation que l'on peut voir sur des trajectoires articulaires saines (cf. figure 6.9).

Mais cette spécialisation est beaucoup plus visible dans des graphiques de coordinations intra-articulaires (figure (6.10(a)) et 6.10(b)).

Cet observateur est d'autant plus intéressant qu'il est capable de fonctionner avec des personnes atteintes d'un syndrome cérébelleux (figure (6.11)).

Les graphiques d'intra-coordinations articulaires (figure (6.12)) permettent de mieux comprendre comment ce type d'observateur arrive à modéliser la

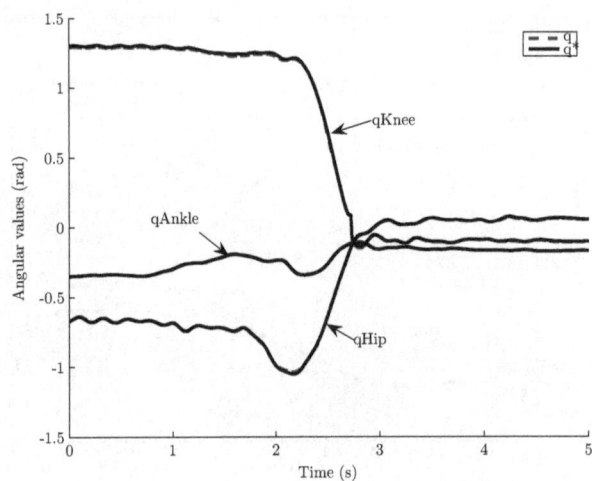

FIGURE 6.8 – Trajectoires articulaires réelles(q) et sorties du prédicteur neu-ronal(q*) pour le patient B.

pathologie neuro-orthopédique. Les propriétés d'apprentissage de ces struc-tures ont permis d'apprendre la coordination spécifique entre la hanche et le genou, ainsi que la coordination entre le genou et la cheville.

6.1.5 Conclusion

Lorsque l'on discute avec les personnels médicaux, leur évaluation se fait par l'observation du patient suivant certains critères et une notation du com-portement qui est décrite par [Trouillas 97], on peut, par exemple, noter la vitesse de la marche de 0 quand elle est normale à 4 quand la personne ne peut plus marcher. Cette approche reste très subjective et ne permet pas une évaluation systématique.

Le prédicteur neuronal se révèle être un modèle du mouvement cérébelleux ou sain. Ces paramètres ont été définis grâce à une méthode exploratoire sélectionnant systématiquement différentes configurations de réseau de neu-

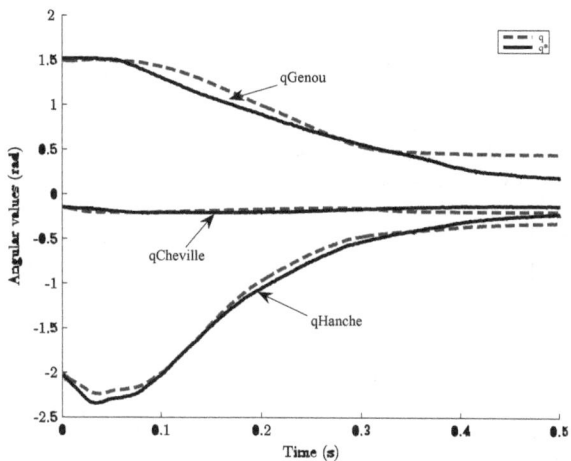

FIGURE 6.9 – Trajectoire articulaire réelle (q) et générée par l'observateur prédictif (q*) pour une personne saine.

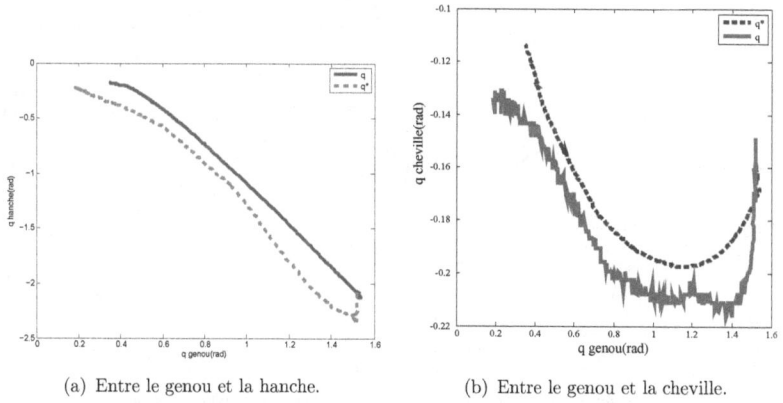

(a) Entre le genou et la hanche.   (b) Entre le genou et la cheville.

FIGURE 6.10 – Intra coordinations de l'observateur neuronal (q*) et un jeu de trajectoires articulaires réelles (q) d'une personne saine.

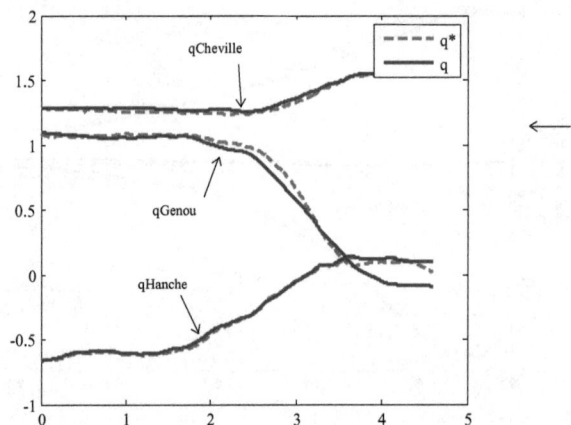

FIGURE 6.11 – Resultats Observateur neuronal spécialisé.

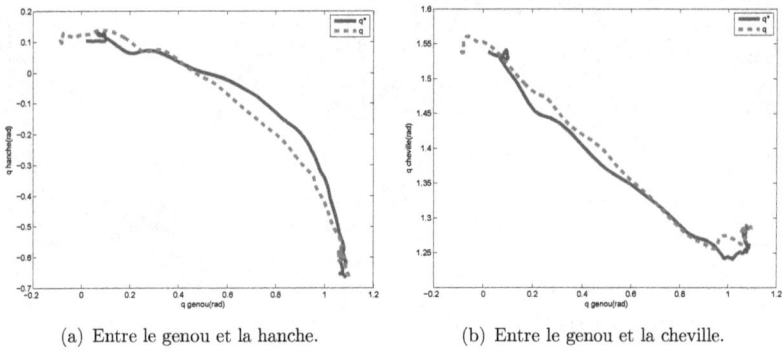

(a) Entre le genou et la hanche.　　　　(b) Entre le genou et la cheville.

FIGURE 6.12 – Intra coordinations de l'observateur neuronal (q*) et un jeu de trajectoires articulaires réelles (q) d'un patient.

rones. Chercher une "bonne" méthode de sélection tend à une objectivation du diagnostic médical. Une technique d'objectivation consiste à comparer des mesures avec une valeur de référence ou une mesure de référence.

Ainsi, on dispose à présent d'un observateur prédictif neuronal qui nous permet, ayant appris, sur 4 verticalisations, les synergies articulaires du patient, de déterminer l'état postural du patient avec (10 ms) d'avance et à partir d'une donnée angulaire mesurée.

6.2 Validation clinique

L'Unité de Rééducation Fonctionnelle de l'hôpital Bellan dans le XIV arrondissement de Paris est un service spécialisé dans le traitement et la rééducation des patients atteints de la sclérose en plaque. Le syndrome cérébelleux se manifeste régulièrement chez ces patients. De plus les médecins sont très intéressés par des nouvelles méthodes de rééducation pour ces personnes afin de trouver des protocoles moins fatigants et plus adaptés que les déambulateurs lestés utilisés. Nous sommes allés à Bellan avec un robot qui proposait différentes solutions de commande. Le but est d'évaluer la pertinence des lois de commande choisies. De plus, on souhaite évaluer l'impact de ce type de solution dans le domaine médical et surtout auprès des patients. Enfin cela a été l'occasion d'obtenir des données en fonctionnement du robot avec des patients.

6.2.1 Lois de commande mises en œuvre sur l'interface robotisée pour l'expérimentation clinique

Cette commande est entièrement décrite dans la thèse [Médéric 06], à partir des mesures du mouvement et des mesures des efforts d'interaction (forces poignées et forces sol) dont l'expérimentation est décrite par la figure (6.13) et a été mise en place pour caractériser le mouvement durant l'assistance.

Pour cela le sujet est équipé de goniomètres sur les articulations : cheville, genou, hanche et coude. Il porte aussi une centrale inertielle sur le torse. Les pieds sont sur une plateforme de forces et il lui est demandé de se lever en utilisant une poignée équipée d'un capteur de force et d'un capteur de mouvements.

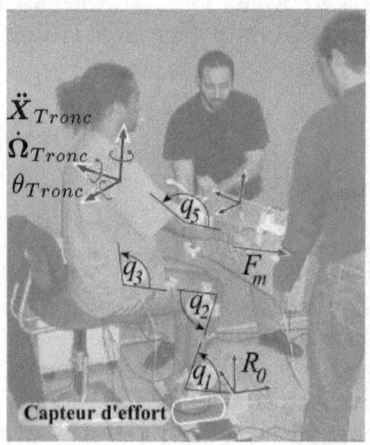

FIGURE 6.13 – Expérimentation de mesure du mouvement avec goniomètres et capteurs de forces.

Une étude des enregistrements de cette expérimentation a permis d'identifier quatre phases dans le mouvement (figure (6.14)). Ces phases sont réunies en une combinaison d'ensembles flous, à laquelle est rajouter une phase instable, directement liée à la mesure du centre de pression. De cet ensemble une valeur numérique est sortie ($v1$) qui sert de critère de sélection pour la commande.

Au regard de ces phases floues, des états ont été décrits :

- *Assis*, rassemble les états flous *Assis, Pré-Accélération, Accélération*
- *Retour*,
- *En cours de mouvement*, est complètement décrit par l'état flou *Ascension*
- *Début levé*, surtout représenté par la phase floue *InitAsc*

110

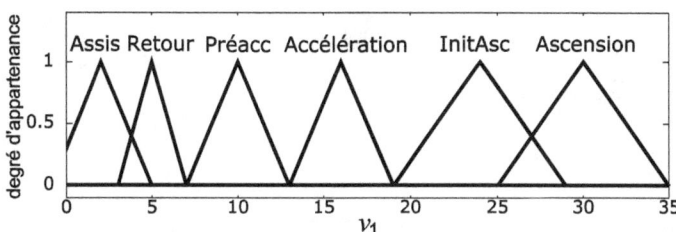

FIGURE 6.14 – Répartitions floues des différents états du mouvement de verticalisation.

- Instable

Ces états sont les transitions dans le diagramme fonctionnel (figure (6.15)) servant à décrire le comportement du robot.

Dans les expérimentations mises en place avec le robot, seul le mouvement de verticalisation est considéré dans ce chapitre. C'est pourquoi le test initial (Test1) définit si l'utilisateur essaie de se lever. Lorsque ce cas est vérifié, la commande de **Suivi de Trajectoire** se met en place, pour cela on utilise un générateur polynomial de trajectoires du robot décrit dans [Médéric 06].

Dans un deuxième test (Test2) qui se fait tout au long du mouvement, l'état de la personne est évalué. Dans le cas où cet état est "normal", c'est à dire *En cours de mouvement*, le **Suivi de Trajectoire** continue ce qui revient à demander le point suivant (k=k+1) de la trajectoire suivie.

Deux autres états sont décrits, ils sont moins habituels mais ils participent beaucoup à l'intérêt de cette commande.

Il y a tout d'abord l'**instabilité**. Cette commande s'appuie sur le calcul de la position du Centre de Pression (CdP). Enfin lorsque le système identifie que la personne est **assise**, cela arrive dans deux cas :

- lors d'un "faux-départ" : la personne essaye de se lever mais revient à sa position initiale)
- lors de la fin du mouvement : le sujet a fini son mouvement et souhaite se rasseoir.

La méthode souple pour décrire ces états est la logique floue [Zadeh 65,

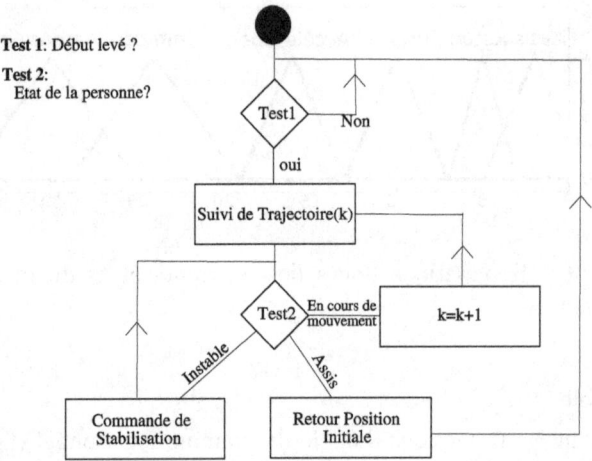

FIGURE 6.15 – Diagramme d'états de la commande de Dino.

Wang 92, MatlabWorks 06, Pasqui 07]. Ainsi les états ont été décrits de manière littérale comme "le début du levé c'est lorsqu'on commence à appuyer sur le sol avec les pieds et sur les poignées". Ce qui donnera une équation de la forme :

début levé = Force sol en Z et Force poignées en Z

6.2.2   Protocole expérimental

Le mouvement principalement exploré est la verticalisation. La priorité a été faite sur ce mouvement car il est l'un des plus importants du quotidien d'autant plus que l'atout principal de Dino est justement d'ajouter la fonctionnalité de verticalisation à la capacité de marche des déambulateurs actifs actuels. Ainsi ce travail se place en complément des différents travaux faits sur la déambulation avec une interface robotisée qui pourra intégrer les différents types de mouvements. Dans le cadre de verticalisation, trois conditions ont été explorées :

- **La verticalisation normale(cond1)** : dans cette condition on demande au sujet de se lever naturellement, avec les bras croisés sur le torse ;

- **La verticalisation rapide(cond2)** : très proche de la condition précédente, on demande aux sujets de se lever "le plus vite possible" ;

- **La verticalisation assistée(cond3)** : dans ce cas on utilise DINO comme outil d'assistance avec la commande décrite en 6.2.1, cette commande demande de placer les pieds du sujet sur un capteur de force.

L'acquisition des données pour l'apprentissage est le suivant :

- mesure des angles articulaires : des goniomètres sont placés sur la cheville, le genou et la hanche de la jambe droite ;

- mesure des efforts d'interaction pieds/sol : le patient est sur une plateforme de forces ;

- mesure des efforts d'interaction patient/robot : grâce aux capteurs de force placés sur les poignées du robot.

L'acquisition est faite à une fréquence de 100Hz. Notons toutefois que la cond2 n'est pas réalisable par les personnes atteintes du syndrome cérébelleux.

Les données obtenues sont dans le tableau 6.4.

	cond1	cond2	cond3
Control	7	6	10
Test	3	0	9

TABLE 6.4 – Nombre de personnes ayant participé aux expérimentations. *Control* désigne les personnes saines et *Test* des personnes atteintes du syndrome cérébelleux.

Pour la "cond3", les patients se répartissent comme dans le tableau suivant :

113

ID	sexe	taille	poids	âge
Patient1 (LaMa)	H	1.90	85	40
Patient 2 (SyGu)	H	1.75	74	39
Patient 3 (OlSm)	H	1.77	71	24
Patient 4 (Er)	H	1.84	86	37
Patient 5 (BaAm)	H	1.89	94	34
Patient 6 (Le)	H	1.65	63	45
Patient 7 (BoUc)	F	1.60		60 ?
Patient 8 (Te)	F	1.68	58	25
Patient 9 (NoRi)	F	1.59	54	24

TABLE 6.5 – Répartition des patients atteints du syndrome cérébelleux qui ont utilisé le robot de réadaptation DINO

6.2.3 Utilisation de DINO et observation neuronale

L'utilisation d'un robot de rééducation risque de provoquer des changements dans le mouvement des patients [Bahrami 00]. Cependant, ces méthodes de modélisation sont capables de s'affranchir des couplages ajoutés par l'utilisation d'un robot.

D'un point de vue qualitatif, les patients qui utilisent l'interface robotisée ont tous témoigné d'une sensation de "soutien" et "d'aide" pendant leur verticalisation. De plus, une commande capable d'identifier le mouvement volontaire des patients donne des résultats étonnants sur leurs capacités à prendre en main l'interface robotisée. En effet, en moyenne, tous les malades n'ont eu besoin que d'une erreur de verticalisation avant de réussir, à coup sûr, à utiliser le robot pour se lever.

Dans les faits, l'observateur neuronal est capable de fonctionner pour représenter le mouvement pathologique. Comme on peut le voir sur la figure (6.16), la capacité à fournir des informations sur les valeurs angulaires du malade est tout à fait pertinente.

Cette pertinence est accentuée par les tracés d'intra-coordination (figure

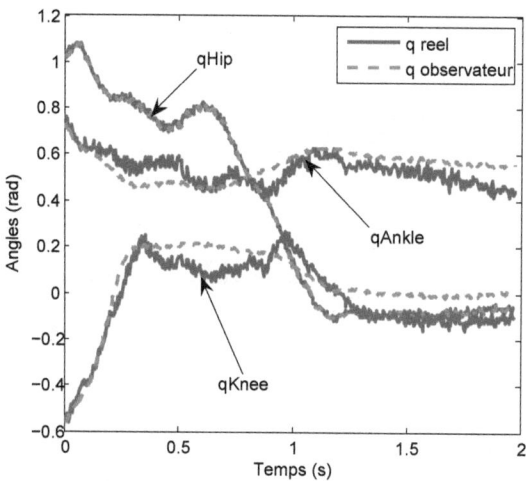

FIGURE 6.16 – Comparaison des trajectoires articulaires obtenues par mesure sur un patient utilisant le robot et calculé par l'observateur neuronal.

(6.17) et figure (6.18)). Néanmoins, le syndrome reste présent pendant l'utilisation du robot (figure (6.18)) bien que l'utilisation de l'interface robotisée soit considérée comme "confortable" par les patients.

En effet, lorsque le mouvement est sain (cf. figure 6.10(a)) le tracé d'intracoordination articulaire présente une allure presque linéaire entre la hanche et le genou. Alors que pour les cas pathologiques, ce tracé présente une brisure dans la ligne voire une boucle à l'endroit de cette ligne. Ces caractéristiques restent présentes dans les tracés des patients utilisant l'interface robotisée.

6.3   Conclusion

Dans ce chapitre, l'observateur prédicteur neuronal est mis en œuvre sur l'interface robotisée. L'observateur prédictif neuronal est une solution adaptée à

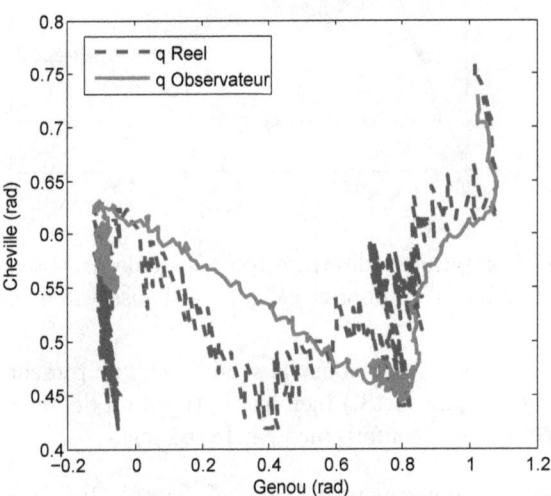

FIGURE 6.17 – Intra coordination entre le genou et la cheville de l'observateur neuronal(q*) et un jeu trajectoires articulaires mesurées (q) d'un patient utilisant le robot Dino

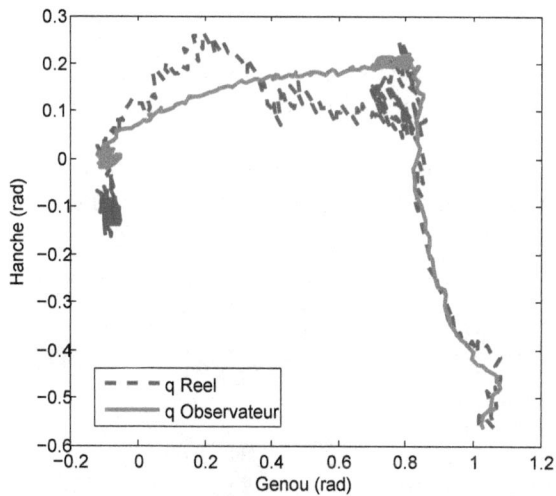

FIGURE 6.18 – Intra coordination entre le genou et la hanche de l'observateur neuronal(q*) et un jeu de trajectoires articulaires mesurées (q) d'un patient utilisant le robot Dino.

la pathologie neuro-orthopédique étudiée. Le constat est fait de manière plus générale : le prédicteur neuronal effectue une très bonne prédiction du mouvement humain même lorsqu'il est atteint de certains troubles fonctionnels. Il démontre une capacité à se spécialiser aux spécificités du mouvement de chacun.

La validation clinique est présentée dans une deuxième partie. L'interface robotisée a été utilisée pour la verticalisation de patients souffrants d'un syndrome cérébelleux.

Cette rencontre s'est soldée par une double réussite.
Tout d'abord, l'interface robotisée a été très bien acceptée et s'est révélée une aide pour les patients.
Ensuite, surtout, les résultats obtenus par l'observateur prédicteur neuronal révèle l'apport des propriétés d'apprentissage et parcimonie de ces types de réseaux de neurones.

Chapitre 7

Conclusions et Perspectives

7.1 Bilan du travail effectué

Ce travail a été l'occasion de présenter différentes façons de modéliser le mouvement humain ainsi que l'apport des réseaux de neurones dans ces différentes applications. Les solutions obtenues par réseaux de neurones sont d'autant plus intéressantes qu'elles ont utilisé un faible nombre d'enregistrements du mouvement (de l'ordre de 10) pour obtenir de bonnes performances. L'ensemble de ce travail est axé sur des réseaux de neurones à une couche cachée, avec un apprentissage par rétro-propagation.

Le premier constat que l'on peut faire est que lorsque le nombre de données est restreint la méthode de rétropropagation qui a permis le plus souvent d'obtenir des réseaux de neurones performants est celle basée sur le gradient global. Pourtant dans certains cas d'apprentissages sur des mouvements pathologiques les gradients stochastiques et plus particulièrement ceux avec un pas adaptatif se sont révélés meilleurs. Au sortir de ce travail, nous restons donc indécis sur le choix de la méthode par rétropropagation à choisir.

Ensuite, nous avons montré dans le chapitre 2 que le réseau de neurones était une solution crédible pour effectuer de la génération de trajectoires articulaires. Nous avons notamment appliqué ce type de solution à des mouvements de verticalisation et avons noté que cette technique neuronale donne des résultats comparables à d'autres approches plus mécaniciennes ou géométriques.

Après avoir montré le besoin d'un prédicteur dans le chapitre 3, un prédicteur basé sur un réseau de neurones (chapitre 4) a été proposé. Le choix du réseau de neurones a donné des solutions qui révèlent des propriétés de généralisations, c'est à dire, une capacité à prédire les valeurs articulaires quelle que soit la vitesse du mouvement ; ainsi que de spécialisation, ce qui sous-entend une capacité à se spécifier au mouvement d'une personne. De plus ces solutions avec leurs propriétés sont capables de prédire des mouvements pathologiques avec une précision très grande.

En mettant en place une récursivité partielle sur ces prédicteurs, il a été montré dans le chapitre 5 qu'il est possible de construire un observateur d'état du mouvement de verticalisation. Le vecteur d'état étant composé des valeurs angulaires de la hanche, du genou et de la cheville, l'observateur proposé permet de reconstruire ce dernier en ne prenant qu'une seule donnée angulaire en entrée. Comme nous l'avons montré le choix de cette valeur se fait en fonction du caractère informatif de cette variable, autrement dit en fonction du rapport amplitude sur bruit. Cet observateur présente la propriété de reconstruire aussi des mouvements pathologiques.

Enfin, il a été défini, dans le chapitre 6, une méthode systématique pour déterminer cet observateur qui, appliqué à des mesures de patients utilisant un robot de réadaptation, a montré sa pertinence. Il a ainsi été montré que autant le prédicteur que l'observateur obtenu restent tout aussi performants.

L'approche réseau de neurones pour modéliser le mouvement pathologique est par conséquent une solution pertinente qui est utilisable autant pour modéliser un mouvement que pour modéliser un mouvement impliquant l'utilisation d'un robot de réadaptation.

7.2   Perspectives au travail de thèse

Dans ce manuscrit, il a été supposé que le port d'un goniomètre serait beaucoup plus confortable que l'utilisation de capteurs de forces sous les pieds. L'idéal étant d'avoir une utilisation du robot la plus simple possible. C'est pourquoi il sera étudié si une mesure des angles faite avec de la stéréovision permettrait de s'affranchir des goniomètres.

Dans le même temps, comme l'utilisation de cette méthode a été validée pour modéliser le mouvement pathologique, cet observateur neuronal va être utilisé pour améliorer la commande de DINO. Pour cela il sera utilisé en remplacement du capteur de forces sous les pieds et la pertinence des résultats sera évaluée en comparaison avec l'utilisation du capteur de force.

Le réseau de neurones est un outil très souple qui permet d'apprendre des sorties très différentes. C'est pourquoi, nous souhaitons étudier s'il est possible de l'utiliser pour remplacer toute la chaîne de décision de DINO qui se fait actuellement avec un capteur de forces sous les pieds et un contrôleur en logique floue. Pour cela en se basant sur des méthodes que nous avons mis en place, une étude sera faite pour fournir des solutions pertinentes de décision.

En étudiant les raisons du bon fonctionnement de ces solutions, il a été montré que cette méthode apprend les synergies (ou asynergies) du mouvement humain pour le modéliser. Il serait intéressant d'utiliser plus en avant cette propriété, ou plutôt comment cette propriété peut permettre d'améliorer les différents problèmes liés à la réadaptation ?

En fait, le problème de réadaptation fonctionnelle soulève celui plus général du contact volontaire dans l'interaction physique homme-machine. Dans ce problème, la commande doit être capable d'inclure la réaction de l'humain pour obtenir un mouvement général plus en symbiose avec l'utilisateur. Ainsi d'un point de vue cognitif, une commande qui donne par l'interaction un sentiment de compréhension de la volonté de l'utilisateur provoquera certainement une amélioration de la confiance que cette personne a dans la machine. Une telle confiance impliquerait une meilleure utilisation du robot. Pour arriver à résoudre le problème , les solutions de modélisation du mouvement humain sont un premier pas. Il va falloir aussi trouver des méthodes objectives qui permettent de quantifier cette "confiance", d'étudier les comportements physiques qui participent à cette "confiance" et enfin de trouver les solutions robotisées qui provoquent cette dernière. On aura ainsi défini une robotique de la symbiose avec l'homme.

C'est à terme ce genre de commande de robots en symbiose avec l'utilisateur que nous espérons développer. Cette symbiose serait un apport à la robotique de réadaptation fonctionnelle mais aussi pour toute la robotique en interaction physique avec l'homme.

Bibliographie

[Abend 82]   W. Abend, E. Bizzi & P. Morasso. *Human arm trajec-
                  tory formation.* Brain, vol. 105, no. 2, pages 331–348,
                  1982.

[Ah, C.T. 97]   Ah, C.T. & Back, A. *Discrete time recurrent neural net-
                  work architectures : A unifying review.* Neurocomputing,
                  1997.

[Albus 72]   J.S. Albus. *Theoretical and experimental aspects of a
                  cerebellar model.* Dissertation, University of Maryland,
                  1972.

[AMTI 07]   AMTI. *http ://www.amtiweb.com*, 2007.

[Ang 02]   W.T. Ang & C.N. Riviere. *Assistive Human-Machine
                  Interfaces via Artificial Neural Networks.* Proc. 3rd Intl.
                  Symp. Robotics and Automation, pages 477–480, 2002.

[Babinski 13]   J. Babinski & A. Tournay. *Symptômes des maladies du
                  cervelet.* Rev. Neurol., vol. 18, pages 306–322, 1913.

[Bahrami 00]   F. Bahrami, R. Riener, P. Jabedar-Maralani &
                  G. Schmidt. *Biomechanical analysis of sit-to-stand
                  transfer in healthy and paraplegic subjects.* Clinical Bio-
                  mechanics, vol. 15, no. 2, pages 123–133, February 2000.

[Bergeron 88]   H. Bergeron, G. Cabanne, B. Côté, C. Poitras & S. Ro-
                  bitaille. Apprivoiser le quotidien, tome 1. Guide pour le

choix d'une aide technique, volume tome 1, page 346. L. É. Papyrus, Québec, 1988.

[Bernstein 67] N. Bernstein. *The co-ordination and regulation of movements*. London : Pergamon Press., 1967.

[Britton 94] T. C. Britton, P. D. Thompson & B. L. Day. *Rapid wrist movements in patients with essential tremor : The critical role of the second agonist burst.* Brain, vol. 117, no. 1, pages 39–47, 1994.

[Broyden 70] C. G. Broyden. *The Convergence of a Class of Double-rank Minimization Algorithms.* Journal of the Institute of Mathematics and Its Applications, vol. 6, pages 76–90, 1970.

[C S C 05] C S C. *http ://www.csc.asso.fr/article.php3 ? id_ article=10*, 2005.

[Calot 07] N. Calot. *http ://lesmessagersdutemps.com/part9.html*, 2007.

[Chen 91] S. Chen, C.F.N. Cowan & P. M. Grant. *Orthogonal Least Squares Learning Algorithm for Radial Basis Function Networks.* IEEE Transactions on Neural Networks, vol. 2, no. 2, pages 302–309, March 1991.

[Chugo 06] D. Chugo, K. Kawabata, H. Okamoto, H. Kaetsu, H. Asama, N. Miyake & K. Kosuge. *Force Assistance System for Standing-Up Motion.* Proc. of 9th International Conference on Climbing and Walking Robots, pages 65–70, 2006.

[Chugo 07] D. Chugo, W. Matsuoka, S. Jia & K. Takase. *Rehabilitation Walker System for Standing-up Motion.* Proc. of 2007 IEEE/RSJ International Conference on Intelligent Robots and Systems, 2007.

[Colombo 00] G. Colombo, M. Joerg, R. Schreier & V. Dietz. *Treadmill training of paraplegic patients using a robotic orthosis.* J

Rehabil Res Dev., vol. 37, no. 6, pages 693 – 700, 2000.

[Comp. 07]   Motion   Analysis   Comp.
http ://www.motionanalysis.com/
applications/movement/movement.html, 2007.

[Darwin 59]   C. Darwin. On the origin of species by means of natural selection, or the preservation of favoured races in the struggle for life. Elibron Classics, 1859.

[Deb 00]   K. Deb, A. Pratap, S. Agrawal & T. Meyarivan. *A fast and elitist multiobjective genetic algorithm : NSGA-II.* Rapport technique 2000001, Indian Institute of Technology Kanpur, 2000.

[Desmurget 97] M. Desmurget, M. Jordan, C. Prablanc & M. Jeannerod. *Constrained and Unconstrained Movements Involve Different Control Strategies.* The Journal of Neurophysiology, vol. 77, no. 3, pages 1644–1650, March 1997.

[Flash 85]   T. Flash & N. Hogan. *The coordination of arm movements : an experimentally confirmed mathematical model.* J. Neurosci., vol. 5, pages 1688–1703, 1985.

[Fletcher 70]   R. Fletcher. *A New Approach to Variable Metric Algorithms.* Computer Journal, vol. 13, pages 317–322, 1970.

[Giese 07]   M. Giese, W. Ilg, R. Röhrig & P. Thier. *Learning-based methods for the analysis of intralimb-coordination and adaptation of locomotor patterns for cerebellar patients.* In IEEE Procedings of 10th International Conference On Robotics and Rehabilitation, 2007.

[Gill 91]   P.E. Gill, W. Murray & M.H. Wright. *Numerical Linear Algebra and Optimization.* Addison Wesley, vol. 1, 1991. Référence concernant la programmation quadratique séquentielle.

[Goldfarb 70]   D. Goldfarb. *A Family of Variable Metric Updates Derived by Variational Means.* Mathematics of Computation, vol. 24, pages 23–26, 1970.

[Graf 01]   B. Graf. *Reactive Navigation of an Intelligent Robotic
                Walking Aid.* In Proceedings of the IEEE International
                Workshop on Robot and Human Interaction : RO-MAN
                2001, pages 353–358, Bordeaux-Paris, France, 2001.

[Graf 04]   B. Graf, M. Hans & D. S. Rolf. *Care-O-bot II - Deve-
                lopment of a Next Generation Robotic Home Assistant.*
                Autonomous Robots, vol. 16, pages 193–205, 2004.

[Hagan 96]   M.T. Hagan, H.B. Demuth & M.H. Beale. Neural Net-
                work Design. PWS Publishing Company, Boston, 1996.

[Hayes 96]   M Hayes. Statistical Digital Signal Processing and Mo-
                deling. Wiley, New York, 1996.

[Hiratsuka 00] M. Hiratsuka & H.H. Asada. *Detection of human mis-
                takes and misperception for human perceptiveaugmenta-
                tion : behavior monitoring using hybrid hidden Markov
                models.* In Proceedings ICRA'00, IEEE International
                Conference on Robotic and Automation, volume 1, pages
                577–582, 24 April 2000.

[Holmes 22]   G. Holmes. *The clinical symptoms of cerebellar diseases
                and their interpretation.* Lancet, vol. 202 ;203, pages
                1177–1182 1231–1237 ; 56–65 1111–1115, 1922.

[Hornick 93]   K. Hornick. *Some new results on neural network ap-
                proximation.* Neural Networks, vol. 6, no. 8, pages 1069–
                1072, 1993.

[Kamnik 03]   R. Kamnik & T. Bajd. *Robot Assistive Device for Aug-
                menting Standing-Up Capabilities in Impaired People.* In
                Proceedings of the 2003 IEEE/RSJ Intl. Conference on
                Intelligent Robots and Systems, pages 3606–3611, Las
                Vegas, Nevada, October 2003.

[Khang 89]   G. Khang & F.E. Zajac. *Paraplegic standing control-
                led by functional neuromuscular stimulation : Part I-*

	Computer model and control-system design. Part II-Computer simulation studies. IEEE Trans. Biomed. Eng., vol. 36, pages 873–894, 1989.
[Köster 02]	B. Köster, G. Deuschl, M. Lauk, J. Timmer, B. Guschlbauer, & C.H. Lücking. *Essential tremor and cerebellar dysfunction : abnormal ballistic movements.* Journal of Neurology Neurosurgery and Psychiatry, vol. 73, pages 400–405, 2002.
[Kuzelicki 05]	J. Kuzelicki, M. Zefran, H. Burger & T. Bajd. *Synthesis of standing-up trajectories using dynamic optimization.* gait and posture, vol. 21, no. 1, pages 1–11, 2005.
[Lacquaniti 83]	F. Lacquaniti & C. Terzuolo. *The law relating the kinematic and figural aspects of drawing movements.* Acta Psychologica, vol. 54, pages 115–130, 1983.
[Lapedes 87]	A. Lapedes & R. Farber. *Non-linear signal prediction using neural networks : Prediction and system modeling.* Los Alamos National laboratory report, vol. LA-UR-87-2662, 1987. Référence concernant la prédiction par réseau de neurones.
[Lee 02]	C. Lee, K. Kim, S. Oh & J. Lee. *A system for gait rehabilitation : mobile manipulator approach.* In IEEE Int. Conference on Robotics and Automation, pages 3254–3259, Washington, USA, 2002.
[Levenberg 44]	K. Levenberg. *A Method for the Solution of Certain Problems in Least Squares.* Quart. Appl. Math, vol. 2, pages 164–168, 1944.
[Manto 94]	M. Manto, E. Godaux & J. Jacquy. *Cerebellar hypermetria is larger when the inertial load is artificially increased.* Ann. Neurol., vol. 35, pages 45–52, 1994.
[Marquardt 63]	D. Marquardt. *An Algorithm for Least Squares Estimation of Nonlinear Parameters.* SIAM J. Appl. Math.,

vol. 11, pages 431–441, 1963.

[MatlabWorks 06]   MatlabWorks. Fuzzy logic toolbox user's guide, September 2006. Updated for Version 2.2.4 (Release 2006b).

[Médéric 06]   P. Médéric. *Conception et commande d'un système robotique d'assistance à la verticalisation et à la déambulation*. PhD thesis, Université Pierre et Marie Curie-Paris06, 11 December 2006.

[Miyashita 03]   K. Miyashita, S. Ok & K. Hase. *Evolutionary generation of human-like bipedal locomotion*. Mechatronics, pages 791–807, 2003.

[Murphy 82]   J. Murphy & B. Isaacs. *The post-fall syndrome. A study of 36 elderly patients*. Gerontology, vol. 28, no. 4, pages 265–270, 1982.

[Médéric 05]   P. Médéric, V. Pasqui, F. Plumet, P. Bidaud & J.C. Guinot. *Elderly People Sit to Stand Transfer Experimental Analysis*. In 8th Int. Conference on Climbing on Walking Robots (CLAWAR'04), pages 953–960, London, England, 2005.

[Nagai 03]   K. Nagai, I. Nakanishi & H. Hanafusa. *Assistance of Self-Transfer of Patients Using a Power-Assisting Device*. In Proceedings of the 2003 IEEE International Conference on Robotics Automation, pages 4008–4015, Taipei, Taiwan, 2003.

[Nishikawa 99]   K. C. Nishikawa, S. T. Murray & M. Flanders. *Do Arm Postures Vary With the Speed of Reaching ?* The Journal of Neurophysiology, vol. 81, no. 5, pages 2582–2586, May 1999.

[Parks 87]   T.W. Parks & C.S. Burrus. Digital filter design, chapter 7. John Wiley & Sons, New York, 1987.

[Pasqui 07]   V. Pasqui, L. Saint-Bauzel, J. Graefenstein & P. Bidaud. *Postural stability control for robot-human cooperation for sit-to-stand assistance.* Proceedings of Climbing and Walking Robots, vol. 3, July 2007.

[Reinkensmeyer 06] D. J. Reinkensmeyer, D. Aoyagi, J. L. Emken, J. A. Galvez, W. Ichinose, G. Kerdanyan, S. Maneekobkun-wong, K. Minakata, J. A. Nessler, R. Weber, R. R. Roy, R. de Leon, J. E. Bobrow, S. J. Harkema & R. Edgerton. *Tools for understanding and optimizing robotic gait training.* Journal of Rehabilitation Research & Development, vol. 43, no. 5, pages 657–670, 2006.

[Rivals 95] I. Rivals, L. Personnaz, G. Dreyfus & J. L. Ploix. *Modélisation, classification et commande par réseaux de neurones : Principes fondamentaux, méthodologie de conception et illustrations industrielles.* Les réseaux de neurones pour la modélisation et la conduite des procédés, 1995.

[Rosenbaum 95] D.A. Rosenbaum, D.G. Loukopulous, D.G. Meulen-broek, J. Vaughan & S.E. Engelbrecht. *Planning reaches by evaluating stored postures.* Psychol. Rev., vol. 102, pages 28–67, 1995.

[Schmidt 05] H. Schmidt, F. Piorko, R. Bernhardt & Jorge Kruger. *Synthesis of Perturbations for Gait Rehabilitation Robots.* Proceedings of the 2005 IEEE 9th International Conference on Rehabilitation Robotics, vol. 1, pages 9003 – 9002, June 2005.

[Schweighofer 96] N. Schweighofer, M. Arbib & P. Dominey. *A model of the cerebellum in adaptive-control of saccadic gain 1 : the model and its biological substrate.* Biol. Cybernet., vol. 75, no. 1, pages 19–28, 1996. Modele de cervelet.

[Sciavicco 96] L. Sciavicco & B. Siciliano. Modelling and Control of Robot Manipulator. Springer-Verlag, 1996.

[Shanno 70] D. F. Shanno. *Conditioning of Quasi-Newton Methods for Function Minimization.* Mathematics of Computation, vol. 24, pages 647–656, 1970.

[Thach 98]   W.T. Thach. *A role for the cerebellum in learning movement coordination.* Neurobiol. Learn. Mem., vol. 70, no. 1-2, pages 177–188, 1998.

[Trouillas 97]   P. Trouillas, T. Takayanagi, M. Hallett, R. D. Currier, S. H. Subramony, K. Wessel, A. Bryer, H. C. Diener, S. Massaquoi, C. M. Gomez, P. Coutinho, M. B. Hamida, G. Campanella, A. Filla, L. Schut, D. Timann, J. Honnorat, N. Nighoghossian & B. Manyam. *International Cooperative Ataxia Rating Scale for pharmacological assessment of the cerebellar syndrome.* Journal of the Neurological Sciences, vol. 145, no. 2, pages 205 – 211, February 1997.

[Trouillas 07]   P. Trouillas. *Le syndrome cérébelleux.* http ://spiral.univ-lyon1.fr/polycops/NeuroInterFac/NeuroInterFac-3.5.html, 2007.

[Vukobratovic 04]   V. Vukobratovic & B. Borovac. *Zero Moment Point Thirthy five years of its life.* International Journal of Humanoid Robotics, vol. 1, no. 1, pages 157–173, 2004.

[Wang 92]   L.-X. Wang & J. M. Mendel. *Generating Fuzzy Rules by Learning from Examples.* IEEE Transactions on Systems, Man and Cybernetics, vol. 22, no. 6, pages 1414–1427, 1992.

[Welch 04]   G Welch & G. Bishop. *An Introduction to the Kalman Filter.* Rapport technique 95-041, Department of Computer Science, University of North Carolina at Chapel Hill, 2004.

[Zadeh 65]   L. A. Zadeh. *Fuzzy sets.* Information and Control, vol. 8, pages 338–353, 1965.

Publications

Ce travail a été sujet aux publications suivantes.

Revue internationale avec comité de lecture

1. <u>Ludovic Saint-Bauzel</u>, Viviane Pasqui, Guillaume Morel and Bruno Gas, *Real-time human healthy and diseased posture observation from a small number of joint measurements*, In *JESA*, **Accepté**(sous condition) Décembre 2007 , 15 pages

Conférences internationales avec publication des actes et comité de lecture

1. <u>Ludovic Saint-Bauzel</u>, Viviane Pasqui, Bruno Gas and Jean-Luc Zarader, *Pathological Sit-To-Stand Models for Control of a Rehabilitation Robotic Device*, *ICORR'07*, Juin 2007, 8 pages
2. <u>Ludovic Saint-Bauzel</u>, Viviane Pasqui, Bruno Gas, Jean-Luc Zarader, *Pathological Sit-To-Stand Predictive Models for Control of a Rehabilitation Robotic Device*, *RO-MAN*, Aout 2007, 6 pages
3. Viviane Pasqui, <u>Ludovic Saint-Bauzel</u> and Philippe Bidaud, *Postural stability control for robot-human cooperation for sit-to-stand assistance*, In *Proc. of Clawar* , Chapter 18, Juillet 2007, 5 pages
4. <u>Ludovic Saint-Bauzel</u>, Viviane Pasqui, Guillaume Morel and Bruno Gas, *Real-time human posture observation from a small number of joint measurements*, In *IROS Proceedings*, octobre 2007, 6 pages

Workshop international sans comité de lecture

1. Viviane Pasqui, <u>Ludovic Saint-Bauzel</u>, and Philippe Bidaud, *Design and Control of Rehabilitation Devices*, *IARP Workshop on Dependability*, avril 2007

Annexe A

Calcul du Centre de Pression dans le cas de l'interaction Humain-Dino

On choisit une représentation du modèle mécanique du mouvement (cf. figure A.1).

On suppose les masses des segments corporels différents de S négligeables devant S [1].

On cherche :

$$\lambda = \vec{O_1 C}.\vec{x_0} \tag{A.1}$$

---

[1]. Hypothèse montrée dans le rapport de stage de Yuri Graefenstein, *Control of Postural Stability*, fait au LRP en 2006

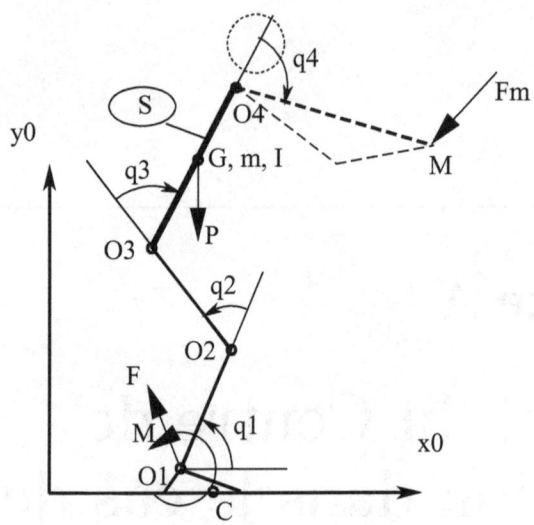

FIGURE A.1 – Modèle de la verticalisation assistée dans le plan sagital.

Sachant que :

$$\vec{O_1C} = \lambda\vec{x_0} + h\vec{y_0} \tag{A.2}$$

On applique le principe fondamental de la dynamique de S en O_1, plus particulièrement le théorème du moment dynamique :

$$\vec{M}(O_1 \in S/R_0) = \vec{F_m} \wedge \vec{MO_1} - mg\vec{y_0} \wedge \vec{GO_1} \tag{A.3}$$

$O1$ supposé fixe implique

$$\vec{M}(O_1 \in S/R_0) = \frac{d}{dt}\vec{\sigma}(O_1 \in S/R_0) \tag{A.4}$$

avec

$$\frac{d}{dt}\vec{\sigma}(O_1 \in S/R_0) = I\dot{\Omega}\vec{z_0} \tag{A.5}$$

où $\dot{\Omega} = \ddot{q1} + \ddot{q2} + \ddot{q3}$ et I inertie de S par rapport à $(G, \vec{z_0})$. On peut donc écrire :

$$I(\ddot{q1} + \ddot{q2} + \ddot{q3})\vec{z_0} = \vec{F_m} \wedge \vec{MO_1} - mg\vec{y_0} \wedge \vec{GO_1} \tag{A.6}$$

En réorganisant l'équation précédente, on obtient :

$$I(\ddot{q1} + \ddot{q2} + \ddot{q3})\vec{z_0} - \vec{F_m} \wedge \vec{MO_1} = -mg\vec{y_0} \wedge \vec{GO_1} \qquad \text{(A.7)}$$

Combinée avec l'équation A.2, cela donne :

$$I(\ddot{q1} + \ddot{q2} + \ddot{q3})\vec{z_0} - \vec{F_m} \wedge \vec{MO_1} = mg\lambda\vec{z_0} \qquad \text{(A.8)}$$

On déduit la valeur de λ :

$$\boxed{\lambda = \frac{I}{mg}(\ddot{q1} + \ddot{q2} + \ddot{q3}) - \frac{\vec{F_m} \wedge \vec{MO_1}}{mg}.\vec{z_0}} \qquad \text{(A.9)}$$

étant donné que $\vec{F_m}$ et $\vec{MO_1}$ sont mesurés par le robot.

Zeitfracht Medien GmbH
Ferdinand-Jühlke-Straße 7
99095 Erfurt, Deutschland
produktsicherheit@kolibri360.de

Druck:
CPI Druckdienstleistungen GmbH
im Auftrag der
Zeitfracht Medien GmbH
Ein Unternehmen der Zeitfracht - Gruppe
Ferdinand-Jühlke-Str. 7
99095 Erfurt